地球科学其实很简单

Earth Science Made Simple

[美] 爱德华·F. 阿尔宾博士　著

斯科特·努尔昆　绘图

林文鹏　译

上海图书馆

上海科学技术文献出版社

图书在版编目（CIP）数据

地球科学其实很简单 /（美）阿尔宾著；林文鹏译 . —上海：
上海科学技术文献出版社，2014.1
书名原文：Earth science made simple
ISBN 978-7-5439-6017-6

Ⅰ . ① 地… Ⅱ . ①阿…②林… Ⅲ . ①地球科学—普及读物
Ⅳ . ① P-49

中国版本图书馆 CIP 数据核字（2013）第 243682 号

责任编辑：张 军 林 朔
封面设计：樱 桃

地球科学其实很简单
[美] 爱德华·F. 阿尔宾博士 著 斯科特·努尔昆 绘图 林文鹏 译
出版发行: 上海科学技术文献出版社
地 址: 上海市长乐路 746 号
邮政编码: 200040
经 销: 全国新华书店
印 刷: 常熟市人民印刷厂
开 本: 787×1092 1/16
印 张: 11.75
字 数: 278 000
版 次: 2014 年 1 月第 1 版 2014 年 1 月第 1 次印刷
书 号: ISBN 978-7-5439-6017-6
定 价: 35.00 元
http://www.sstlp.com

献给南茜和劳伦

致　谢

地球科学是一门涉及面很广的学科。在科学领域里，地球科学覆盖着众多的分支学科。毫无疑问，要写一本有关地球科学的科普图书绝非易事。如果没有我的同事和出版社编辑的鼎力支持，这本书也就不可能跟读者见面。当这本书即将面世时，我要感谢许多在过去的这一年里对本书作出贡献的人，他们有的腾出了宝贵的时间，有的提出了许多中肯的建议，从而使本书日趋完善。特别值得一提的是，我要感谢美国艾格尼丝斯·科特学院和法恩邦克科技中心的同事们的鼓励和耐心的帮助，以及我教过的多届学生，正是他们的反馈使我能不断地改进，采用更有效的教学方法和写作技巧。非常感谢弗朗西丝·张伯伦，因为她将这本书的初稿按照通俗易懂的方式进行了修改，使其真正切合深入浅出的科普读物的要求。菲利浦·利夫团队的吉尔·卡罗特则在书稿的编辑加工和排版的过程中功不可没。斯科特·努尔昆绘制了书中所有的图片，使读者可以通过读图这一更直观的方式来理解一些较为晦涩难懂的专业术语，比如火山、小行星等。最后，我要感谢我至爱的妻子南茜和我可爱的女儿劳伦，她们一直在背后默默地支持、鼓励着我，使我得以将我的所思所想写成一字一句，最终成书面世。

目 录

海 洋 篇

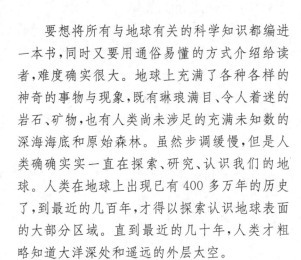

简　介

要想将所有与地球有关的科学知识都编进一本书,同时又要用通俗易懂的方式介绍给读者,难度确实很大。地球上充满了各种各样的神奇的事物与现象,既有琳琅满目、令人着迷的岩石、矿物,也有人类尚未涉足的充满未知数的深海海底和原始森林。虽然步调缓慢,但是人类确确实实一直在探索、研究、认识我们的地球。人类在地球上出现已有400多万年的历史了,到最近的几百年,才得以探索认识地球表面的大部分区域。直到最近的几十年,人类才粗略知道大洋深处和遥远的外层太空。

地球科学是一门庞大的学科,要将之学深、学透,任重而道远。它涵盖了地球的形成、板块构造、地质地貌、气象、海洋以及外层空间的知识。在《地球科学其实很简单》这本书里,我们所做的就是将这一复杂的学科分解成四个主要的部分:地质篇、海洋篇、气象篇和行星科学篇。

在本书的第一部分——《地质篇》里,主要介绍了一些基础的地质学知识,比如矿物、岩石、板块构造学说(比如大陆是如何变成今天的这个形状的)、地质过程和地质时期。读者可以了解到岩石、矿物成分,地球的结构,以及风和水作为地表的改变因子,是如何塑造了我们今天生活的这颗星球的。

地球表面的3/4区域被海水所覆盖。陆地与海洋之间的联系十分紧密:海洋影响了海岸线的发展;海洋给人类提供了各种丰富的资源;洋流、波浪和潮汐对气候类型、暴风雨以及地球生态都会产生作用。对这些知识略知一二很有必要。

在本书的第二部分——《海洋篇》里,主要介绍了一些基础的海洋学知识,比如海洋的形成过程、海底的地形结构和海洋资源。了解了事物是如何互相关联、互相作用的,你就会意识到你的一生和你的子孙后代对地球来说是极为重要的,因为这不仅有利于保持地球的持续健康运行,而且有利于保护地球上各种重要的资源。

本书的第三部分是《气象篇》。气象学是一门和人类生产、生活密切相关的应用科学,它主要负责识别和预报雨、雪、飓风、云、风等天气现象。气候类型会影响到农业投资、建设项目、渔业以及人类的众多活动。天气会从很多方面日复一日地影响着人类。你可能不会注意到在山区由于风和水的作用使表土流失、土地肥力下降、山坡缓慢退化,或许你也不会察觉到邻近海滩的地方何时又出现了一座新的沙丘;但是你一定不会忽视这样的消息——在美国的中西部地区,狂暴的飓风掀翻了众多的房屋;暴风雪席卷美国东北部地区,导致美国多个州交通大范围瘫痪,上千个航班被取消;连日的暴雨使山体大范围崩塌、滑坡,严重阻断交通……气象学给了我们一个机会,除了可以将天气预报这种专业的工作留给有专业技术设备的气象学家们去做以外,普通老百姓也可以通过气象学知识来了解各种天气现象为什么会发生,它们对于人类息息相关的生存环境有何影响等。

本书的第四部分是《行星科学篇》,介绍了有关的行星知识。乍一看,行星好像跟地球生命没啥关系,但是你想一想,人类为什么会恰好在地球上出现,而不是在别的星球上出现呢?《行星科学篇》主要介绍了一些基础的行星科学知识,比如地球是如何从太阳星云中形成的? 为什么行星都绕着太阳运行? 别的外行星①与地球有着某些相同的岩石和矿物成分,它们又是怎样形成的? 地球在太阳系里还有一些别的邻居,比如行星、月球、小行星、彗星,通过了解太阳系里这些邻居的结构,我们也就能更多地了解地球的结构了。

把上述这些内容全部组合在一起是很重要的,通过学习书里介绍的这些地球科学知识,你对地球一定会有更为全面的认识和了解。

人类作为地球上的智慧物种,能够尽可能多地认识、了解我们生活的地球以及所处的太阳系。地球科学是一门复杂的学科。许多科学家满怀热忱,积极投身于某一专业领域,比如地质学、海洋学、气象学或是行星科学,进行长期不懈的研究。他们可能只专注于研究岩石或矿物、火山、飓风、天气系统、洋流、深海、海洋生态系统或是某一颗行星,但是每一项研究都有着各种可能,永无止境。

《地球科学其实很简单》旨在提纲挈领地让读者对地球科学有个大体的了解。如果你有意在地球科学的某一特定领域进行深入研究,那么书中的丰富内容不仅能为你提供一些基础知识,更重要的是还能使你对地球科学有一个整体的把握,意义深远。

---

① 译者注:轨道在地球轨道以外的行星,即火星、木星、土星、天王星、海王星。

地 质 篇

矿　物

关 键 词

矿物,元素周期表,同位素,离子,离子键,阳离子,阴离子,共价键,晶体,结晶学,自然元素,硅酸盐,碳酸盐,卤化物,氧化物,硫化物,硫酸盐

在童年时代,或许我们每一个人都曾经有过这样的经历:趴在地上,用木棍、汤匙或者尖石块在地里四处挖个不停,想看看地下能发现什么。你或许还记得从砂岩碎块中发现闪闪发光的云母时的惊喜,在河滩边玩泥巴时的快乐,或者仅仅是想知道小山丘和大山脉究竟是怎样形成的。其实,人类对自然界的探索可以追溯到古希腊时代有关人类研究的最早记载。

什么是矿物

要是让人们来说一说矿物的定义,估计大多数的人都说不上来。也许最好的方法就是记住:**矿物**是无时无刻不在我们身边的物质。拥有一些基础的化学知识会有助于你理解:矿物是自然形成的无机的固体物质,有着特定的成分和原子排列。生活中常见的食盐、冰块就是矿物的很好例子。银和铜也是矿物。

矿物学研究特别会使人着迷,这是因为自然界中有超过 3 000 种的矿物,而且每年还不断地有新的矿物被发现。

记住,矿物拥有以下特点:

* 自然形成的;
* 无机的;
* 固体;
* 是由原子按照特定的方式排列而成的。

化学入门

矿物是由众多原子组成的,这些原子之间彼此互相连接,每一种化学元素都是由相似的原子组合而成的。中学化学课上学的**元素周期表**,它将 100 多种化学元素排列在这表内。

再来说说元素,它是相同类型的原子的集合体。每个原子都包含 3 种基本成分:质子、中子和电子。质子和中子位居原子的中心部分,即原子核,几乎集中了原子的全部质量。质子带正电,中子则不带电。

电子带负电,并以特定的距离绕着原子核高速运行。在大多数的原子中,质子和中子的数量是相等的;但是,在有些情况下,在某些特别的原子中,中子的数量会有很大的差异,形成了同种元素不同的变化,这就是**同位素**。

在原子中,原子核的质子数量决定了该元素的原子数及其在元素周期表中的位置。如果

某种元素只有 1 个质子,即人们所熟悉的氢元素(如图 1.1 所示)。铁元素有 26 个质子,金元素有 79 个质子,而铀元素则含有 92 个质子。通过元素周期表(如图 1.2 所示),可以很容易看出不同元素所含的质子数。

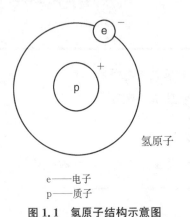

e——电子
p——质子

图 1.1　氢原子结构示意图

关于矿物是如何形成的,常见的食盐就是一个很好的例子。原子都趋向于电子稳定状态,也就是不带任何的电荷。如果原子获得了一些电子,那它就带有负电,也就是说,该原子中的电子数量比质子的数量大;反之,如果原子失去了一些电子,那它就带有正电,即该原子中的电子数量小于质子的数量。由于获得或失去 1 个或更多的电子,使原子中的电荷不平衡的现象被称为**离子**。带有相反电荷的离子会互相吸引,从而产生 1 个中性的化学键。比如当钠(Na)与氯(Cl)相遇,会结合形成氯化钠(NaCl,也就是盐),它们会互相吸引,使电荷平衡。当两种带有相反电荷的离子相接触时,就会产生**离子键**。就生活中常见的盐来说,钠原子带正电,而氯原子带负电,当钠原子与氯原子结合时,就使电荷平衡,形成稳定的分子。

当原子内的电荷不平衡而导致电子与质子的比值有偏差时,矿物就开始形成了。当**阳离子**(带正电的原子)被**阴离子**(带负电的原子)吸引时,就产生了离子键。这种平衡会发生变化,这取决于电子与质子的比值。

水也是一个很好的例子。在水分子中,2 个氢原子和 1 个氧原子共用电子(如图 1.3 所示),这是一个共价键,这当中,带有相似电荷的

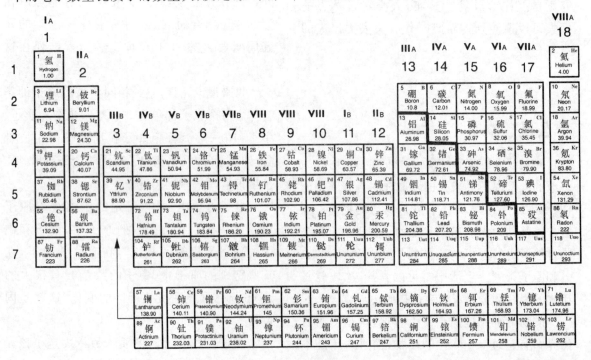

图 1.2　元素周期表

多个原子共用 1 个或多个电子，从而使电荷稳定。

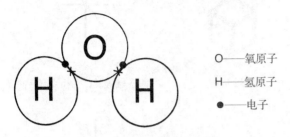

O——氧原子
H——氢原子
●——电子

图 1.3　水分子结构示意图

有时，在同一种矿物中，能同时找到离子键和共价键并存的现象，正是由于这些化学键形成了矿物，并赋予其物理属性。

地壳的组成元素

在地壳中分布广泛的常见元素有 8 种，它们决定了地球上大多数的矿物类型及其数量。这 8 种元素分别是硅、氧、铝、铁、钙、镁、钾、钠。地壳中的绝大多数矿物都是由这些元素尤其是硅和氧组成的。

地壳中最常见的 8 种元素：

- 硅（Si）
- 氧（O）
- 铝（Al）
- 铁（Fe）
- 钙（Ca）
- 镁（Mg）
- 钾（K）
- 钠（Na）

矿物是地壳中的化学元素在各种地质作用下形成的，因此，地壳中的元素决定着地球上矿物的类型和数量。元素所采用的不同形式通常会形成不同的晶体结构。了解了晶体是怎样形成的，就能更清楚地了解某些化学元素是如何通过地质作用创造出矿物的。

晶体结构

随手从路边捡起一块小石头，你肯定都能从中发现晶体。**结晶学**是矿物研究的一门分支学科。对于任何一个喜爱收藏矿物的人来说，矿物平滑的表面、尖锐的断口以及闪烁的表面，都会让矿物收藏者感受到晶体的无穷魅力。

晶体是一种矿物形态，它是按照有序、对称的方式形成的；一旦破碎，它会自然地按照它的晶体结构破裂成相似的形状。晶体其实是原子规则排列的结果，它们是按照相同的形态重复排列而成的。晶体由分子组成，这些分子按照有序的方式紧密相连。同一种物质的晶体形态都是一样的。

只有处于不受干扰的环境中（例如有使晶体生长的足够空间），晶体才能形成理想的几何外形。当某些液体和气体冷却并散失水分时，就会形成晶体。溶液中的物质沉淀会形成许多矿物或晶体，比如岩盐、方解石和石膏。矿物也会在熔岩或**岩浆**中结晶。在结晶过程中冷却缓慢的熔岩，由于结晶良好，所以往往形成颗粒较粗的晶体。这些晶体颗粒会在岩浆库[①]的底部聚集，并且随着时间的变化，熔岩的矿物构成也会发生变化。

不管哪种情况，矿物都产自于液体。在液体中，通过原子的特定排列进行再生、复制，会形成有规律的晶体结构。这些原子会形成所谓的**晶胞**。晶胞是晶体中的最小单位，它是在矿物中重复出现的有规律的晶体结构。无数晶胞无隙并置在一起，就产生了晶体的外观。

---

① 译者注：地壳中储集岩浆的场所。

晶 系

晶体通常可以分为6个不同的晶系。在自然界中，我们已经知道有形形色色的晶体形态，要将这些晶体形态归类到六大晶系中并不太难（如图1.4所示）。这六大晶系是根据方向和通过晶体中心的直线——晶轴的长度来归类的。

① **等轴晶系**   有正方形或三角形的面；三轴（前后轴、左右轴、上下轴）分别正交（以90°相交），并且三轴的长度相等。

② **四方晶系**   通常成棱柱形；三轴互相正交，只有两轴的长度相等。

③ **斜方晶系**   断面呈金字塔形；三轴互相正交，且三轴的长度都不相等。

④ **单斜晶系**   断面可呈棱柱形、拱形和金字塔形；三轴的长度都不相同，只有两轴互相垂直。

⑤ **三斜晶系**   形态为平行双面式；三轴长度都不相同而且互相斜交。

⑥ **六方晶系**   有四轴，等长，四轴互相以120°相交。

了解晶系是很重要的，这是因为化学过程及其结果的晶体结构最终决定了所有矿物的物理属性。

等轴晶系

三轴等长，互相直交

四方晶系

两轴等长，互相直交

斜方晶系

三轴不等长，互相直交

单斜晶系

三轴不等长，两轴互相垂直

三斜晶系

三轴不等长，互相斜交

六方晶系

四轴等长，互相以120°相交

图1.4   六大晶系

矿物的分类

根据矿物的组成和晶体结构，矿物被分成 7 种主要的类型。这 7 种矿物类型分别是单质矿物、硅酸盐、碳酸盐、卤化物、氧化物、硫化物和硫酸盐。人们可以以此来对矿物进行分类。

还记得前文提及的地壳中的八大常见元素吗？它们是硅、氧、铝、铁、钙、镁、钾、钠。大多数的矿物都是由这些常见元素构成的。如果你掌握了这 8 种常见元素和 6 种主要晶系的话，那么，对矿物进行分类就变得简单多了。

矿物的 7 种类型

当单一类型的原子单独出现或没有与别的原子连接时，它就被称为**单质矿物**。目前已发现的单质矿物约 100 种。这是最简单的一种矿物，比如硫黄、铜和金都是单质矿物。

由于结构上的特点，**硅酸盐**的矿物类型最为丰富，目前已知的硅酸盐矿物有 600 多种，是构成多数岩石（如花岗岩）和土壤的主要成分。其结构是 4 个氧离子围着 1 个硅离子，也就是 SiO_4。硅酸盐矿物的基本结构称为**硅—氧四面体**。在这种四面体内，硅原子占据中心，4 个氧原子占据四角。它的净电荷是 -4，使得它能与阳离子结合形成不同种类的硅酸盐矿物。如前所述，当成群的原子连在一起时就形成了矿物。原子总是力求电荷稳定，所以阳离子和阴离子会互相吸引，形成离子键。

四面体跟不同的阳离子结合就形成了不同种类的硅酸盐。单一的四面体形成一类，也就是常见的矿物——辉石。在这种情况下，铁或镁跟硅四面体结合，形成所谓的**岛状硅酸盐**。如果两个硅四面体结合，就会形成**傣硅酸盐**。

绿帘石就是一个这样的例子。

结构为环状相连的硅四面体被称为**环状硅酸盐**。电气石这种宝石矿物就是一例（译者注：中国古人将之称为"碧玺"，并将它刻制成印章）。结构为链状相连的硅四面体则被称为**链状硅酸盐**。它们是很重要的成土矿物。当链状相连的硅四面体层叠起来时，就形成了**层状硅酸盐**矿物，它们经常会形成重要的黏土矿物，比如叶蜡石[①]。

硅酸盐矿物的最后一个亚类是**架状硅酸盐**。在这类矿物中，所有四面体的四个氧离子都和另外的四面体共有，形成一种三维的骨架。典型的架状硅酸盐矿物包括长石和石英。

在**碳酸盐**矿物中，碳酸根（CO_3^{2-}）与阳离子相邻。最常见的碳酸盐矿物是碳酸钙（$CaCO_3$），也称方解石。

卤化物则是卤素元素（比如氯和氟这两种卤素元素）和其他元素的结合。比如常见的卤化物——岩盐，就是钠和氯化合而成的。

当金属元素和氧离子结合，就会形成**氧化物**。最常见的氧化物类矿物就是磁铁矿和赤铁矿。

当硫黄跟 1 种或多种金属元素结合时，**硫化物**就产生了。黄铜矿可能是人们最熟悉的硫化物类矿物了。但是，更为重要的硫化物是那些在其结构中有铜、铅、锌等矿物共生的矿床。**矿石**是一种含有金属的矿物或岩石，或是一些非金属物质如硫黄的来源。

硫酸盐是由硫酸根（SO_4^{2+}）和别的元素组合而成的矿物。石膏（$CaSO_4$）就是一种常用于工程建设的硫酸盐矿物，它是生产石膏胶凝材料和石膏建筑制品的主要原料，也是硅酸盐水泥的缓凝剂。

---

① 译者注：有"中国国石"之称的福建寿山石就是叶蜡石的一种。

一探究竟 1.2　矿物对稀盐酸的反应

当你用滴管将 1 滴稀盐酸滴到一些碳酸盐矿物上时，这些矿物会发出嘶嘶声或冒泡。这是检测碳酸盐矿物最有效的方法。用这个方法在一块方解石（石灰岩或粉笔）上试一试。当这些矿物一接触到稀盐酸时，你是否看到有泡泡立刻冒了出来？实验结束后，一定要记得将样品彻底清洗干净。

矿物的物理性质

我们已经了解了什么是矿物和矿物的组成，可是你知道怎样将矿物区分开来吗？专业的矿物学者和业余的矿物收藏者能在几秒钟内将一种矿物识别出来。其诀窍就是要掌握矿物的物理性质——晶体习性、硬度、色彩、解理和光泽。

晶体习性

矿物的外形有时也被称为矿物的**晶体习性**。在自然界中，发育完美的晶体是很少见的。晶体的外形取决于它发育成矿的环境条件。跟其他矿物相比，虽然晶体的外形更有规律可循，但要识别出它的对称性并不容易。对收藏新手来说，用晶体的外部形态来辨别矿物可能更具有挑战性。

硬　度

人们在有些矿物上很容易就能留下刮痕或是将之折断，而有些矿物则不容易留下刮痕或被折断。这其中的区别就在于矿物的**硬度**。你应该听说过，世界上最硬的物质就是钻石。钻石也由此而闻名，被人寓以"永恒"之意。硬度或强度部分证明了钻石的不菲身份，使之既有美学价值，也有工业应用价值。除了用于制作象征永恒的结婚戒指外，钻石也常被用来制造坚硬的研磨材料以研磨他物。

与之相反的是，世界上最软的矿物——滑石，则常被用来制造滑石粉。

矿物学家将矿物的硬度由软至硬分为 10 级：1 级为最软的滑石，10 级为最硬的钻石（金刚石）。这个表示矿物硬度的表通常被称为摩氏硬度表（如图 1.5 所示）。该表是由德国矿物学家摩氏（Friedrich Mohs）于 1812 年提出来的。

10.　金刚石
9.　刚　玉
8.　黄　玉
7.　石　英
6.　正长石
5.　磷灰石
4.　萤　石
3.　方解石
2.　石　膏
1.　滑　石

图 1.5　摩氏硬度表
（等级之间只表示硬度的相对大小）

常见矿物的硬度

滑石是最软的矿物，你用指甲很容易就在上面留下刮痕。事实上，你用手摸滑石，会感觉很软很滑溜，所以它在摩氏硬度表上的硬度被定为 1。在硬度为 2 的石膏上，也能用指甲划出刮痕，但用手摸起来就没有软滑的感觉了。

在硬度为 3 的方解石上，单用手指是无法在其表面留下刮痕的，但你用硬币的边就可以做到。硬度为 4 的矿物可以用小刀刮出痕迹，用硬币则不能。萤石的硬度为 4。硬度为 5 的磷灰石很难将普通玻璃割开，它极难被小刀刮出痕迹。正长石的硬度为 6，用小刀很难刮出痕迹；但如果你用力够足的话，它能将普通玻璃割开。硬度为 7 的石英能轻易地将玻璃割开，它比你偶然遇见的许多其他矿物都更硬。

硬度为 8 的黄玉，能轻易地割开石英。而能将黄玉割开的矿物，比如刚玉，硬度为 9。金刚石是目前已知的最硬的物质，硬度居首，为 10。

颜　色

颜色是鉴别矿物的另一个重要特点。有些矿物的颜色相同，所以很难将之区分开来。硫黄带有明显的黄色，很容易区分；但是其他的矿物则没这么直观了。很多相同的矿物能显现出不同的颜色，还有很多不同的矿物却有着相近的颜色。比如都是石英，却有透明、黄色、灰色、紫色等多种颜色。但是斜长石和重晶石都有着罕见的纯白色。

人们通常是将矿物在**条痕板**（矿物鉴定中用来形成条痕的无釉瓷板）上擦划，根据条痕的颜色来鉴别矿物。普通瓷砖的背面就是很好的条痕板。当刮擦时，在条痕板上看到的细细的粉末，它们的颜色才是矿物的自色。矿物的自色基本上是固定的，所以它是鉴定矿物的重要特征之一。如赤铁矿，因含有不同杂质颜色多变，但条痕总是樱红色的。与此相反的是，现在表面为白色的矿物反倒可能看出矿物真正的颜色。

矿物的颜色有时会与条痕的颜色不同，但是条痕板上的条痕颜色几乎都是始终如一的。当矿物被研磨成粉末时，它的颜色能始终如一，这是因为它较大程度地消除了光线的反射作用，而且矿物表面粗糙程度不同，有时也会给出误导的颜色信息。

一探究竟 1.3　找出矿物的真正颜色

准备一些小的磁铁矿和赤铁矿。这些矿物在自然历史博物馆或科技馆的礼品商店一般都有出售。观察它们，并描述出它们表面的颜色。准备一块瓷砖，将其背面作为你的条痕板，将磁铁矿在条痕板上擦划，注意观察它的条痕颜色。然后再擦划赤铁矿，它的条痕颜色如何？这两种矿物的条痕颜色有何不同？看它们各自的条痕颜色跟固体矿物外观的颜色有不同吗？

解　理

解理是鉴别矿物的另一个有用的特征。由于矿物内部原子的排列组合不同，矿物晶体受力后常沿一定方向破裂并产生光滑平面的性质称为**解理**。在矿物的破裂面上一般会看到闪光的断裂面，这就是解理面。由于原子和晶体结构之间的化学键的联结力强弱不同，使得矿物抵抗破裂的韧性不同。如果化学键联结力很强，矿物就很难裂开。解理的天然特性是沿着结构中联结最弱的地方裂开。矿物可以沿着 1 个或多个平面发生解理。像云母这样的矿物，解理是一向的，只沿着 1 个面裂开，使得矿物呈现平坦的薄层状。而别的矿物，像萤石有四向解理，矿物的解理特性会产生理想的八面体的矿物碎片，从而使得鉴别矿物更为容易。八面体的矿物碎片看起来就像是一颗颗的小钻石，这是因为其晶体结构会沿着解理面裂开。

当矿物各部分的化学键的联结力强度有细微的差异时，就会按照所谓的断裂的方式沿着粗糙的表面裂开。

光　泽

还可用来鉴别矿物的另一个特征是**光泽**，也就是矿物表面反射光线的方式。很多矿物有金属光泽，就像是一块裂开的金属表面上的轻微反光；但是矿物更为常见的是非金属光泽。矿物的非金属光泽可细分为以下几种：

① 如果矿物看起来像一块裂开的玻璃，就

称其有**玻璃光泽**。

② 有些矿物含有与珍珠相似的表面光泽，就称为**珍珠光泽**。

③ 矿物表面产生像丝绢一样的光泽，就称为**丝绢光泽**。

④ 矿物表面暗淡无光，看起来像碎砖或干的泥土，就是**土状光泽**。

掌握了矿物的上述物理属性，就能帮助业余收藏者或专业人士鉴别出不同的矿物了。

矿物的经济价值

对于矿物收藏者和科学家来说，矿物是魅力无穷的。对于社会来说，矿物也有着巨大的经济价值。现在被人类经常开采挖掘的矿物超过 100 种。

比如，很多矿物都是有用的建筑材料。石英（沙子的主要成分）可以高温熔制成平板玻璃。方解石或石灰岩可以用来制造水泥，水泥可以用于铺路、建造高楼大厦。钙硅石矿物是制造汽车配件和配电板的主要成分。铜的用途很广泛，比如电线。岩盐则可用于食品、药品、工业用盐。

还有的矿物在装饰材料、珠宝首饰、艺术等领域也有着很高的价值。有的**宝石类**矿物因其美丽、恒久和稀有而价值连城。还有一些源于有机物的一些非晶质类物质，比如珍珠、红珊瑚和琥珀，虽然它们并不是矿物，但也被归为宝石。

一探究竟 1.4　你也可以当一名矿物收藏家

如果你对矿物感兴趣，那么将你自己的收藏品集中起来，就可以随时品味欣赏了，其乐无穷。虽然书本上、网络上有许多的矿物图片可以欣赏，但怎么也比不上随时可以将矿物拿在手上那种实实在在的感觉。你可以

从自然博物馆或是科技馆的礼品商店里买矿物标本，也可以从网上购买，比如美国科技公司 WARDS 的网站（www.wardsci.com）。

必须拥有的最重要的矿物当属在岩石中常见的矿物，这些成岩矿物可能会成群出现。这取决于它们的成分和晶体结构，正如前文所述（见《矿物的 7 种类型》）。

收藏起步的方法之一是参加你所在区域的岩石矿物展览。在美国的一些大城市，当地的矿物俱乐部或地质俱乐部经常会举办一些相关展览。入门级别的收藏者可能可以先从收集一些小型矿物做起。这些小型矿物标本比较容易收集，花费也不大。

进阶型的收藏者的胃口则大了许多，往往会收集更大、更有视觉效果的一些矿物标本。

小　结

矿物是自然界自然产生的无机、固体物质，有着特定的成分和原子排列方式。我们知道的不同矿物已超过 3 000 种，而且新的矿物还在不断地被发现。而矿物学正是这样一门研究矿物的科学。

由于矿物是由原子排列组合而成的，掌握一些基础的化学知识有助于科学地理解每种矿物的成分构成。元素周期表上的每一种元素都是由一种类型的原子集合而成的。每一个原子都有质子、中子和电子。

质子（带正电）和中子（不带电）位于原子核中。电子（带负电）则绕着原子核以一定的距离高速运行。大多数的原子中，质子和中子的数量相同；但是在一些原子中，中子的数量会不同，就形成了同位素。

矿物是由联结在一起的成群原子组合而成的。电子与质子的不同比率会产生不平衡的现象，从而产生了离子——带正电的离子是阳离子，带负电的离子是阴离子。

阳离子和阴离子会互相吸引，使得原子聚拢在一起并通过离子键（异性电荷会相互吸引）或共价键（共用电子使之稳定）联结在一起，在此基础上就形成了矿物并赋予其物理属性。

内部原子的排列会使矿物按照有序对称的方式成形，这就引出了晶胞这一晶体结构。晶胞是矿物内部重复出现的有规律的模式。矿物可归类为 6 种基本的晶系。

自然界中有 7 种矿物类型：单质矿物、硅酸盐、碳酸盐、卤化物、氧化物、硫化物和硫酸盐。矿物的物理属性包括硬度、颜色、外形或晶体习性、光泽、解理（矿物断裂的方式），它们可以帮助人们鉴别出不同的矿物。

收集和研究矿物是一件很有意思的事。不过，矿物的价值远不止此，它们还有着巨大的经济价值。从珠宝首饰、装潢装修到建筑行业，矿物都有着不同的应用价值。

岩　石

关 键 词

岩浆岩,变质岩,沉积岩,斑岩,显晶结构,伟晶岩,隐晶岩,多孔结构,酸性岩,基性岩,中性岩,超基性岩,碎屑沉积岩,非碎屑沉积岩

什么是岩石

从本质上来说,岩石其实就是由 1 种或多种矿物有规律组合而成的矿物集合体,但是这些矿物的组成成分和矿物形成岩石的方式能帮我们鉴别不同种类的岩石。自然界的 3 种主要岩石类型——岩浆岩、变质岩和沉积岩分别是在不同的环境中形成的。

岩浆岩是岩浆活动的产物,它是由岩浆或热液岩石中的矿物集合体结晶而形成的。新鲜的岩浆是又热又白的,当它冷却后,它就依次变成黄色、红色,最后完全冷却后就形成了岩浆岩①。花岗岩和玄武岩是两种主要的常见岩浆岩。当岩浆冷却时,岩浆中的硅、铁、钠和钾等元素会化合形成成岩矿物。

当遭受到极端的压力和温度时,矿物和先前存在的岩石的质地会发生变化。这一过程的产物就称为**变质岩**。变质(*metamorphic*)的单词来源于希腊语"*meta*"(意思是变化)和"*morph*"(意思是形成),因此,变质岩就是改变了原本形式的岩石。

变质岩既可以从岩浆岩变化而来,也可以从沉积岩变化而来。当岩浆岩或沉积岩在地壳内部受到高温高压的作用时,就会变成变质岩。比如,石灰岩能变成大理石,砂岩能变成石英岩,页岩能变成板岩。变质岩也可以看成是岩石的再生产物。

如果我们可以活得够久的话,我们真的就能看到沉积岩的形成过程。地球表面的风力作用和水流作用能侵蚀岩浆岩和变质岩,并将之分解成小碎屑,即沉积物。随着沉积物聚集在一起并形成紧密的固体,就形成了**沉积岩**。同样,如果沉积岩又受到了高温高压的作用,它就会转化成岩浆岩或变质岩。岩石类型之间会相互转换的现象就称为岩石循环(如图 2.1 所示)。三大岩石类型之间会通过岩石循环这一周而复始的过程而互相联系起来。

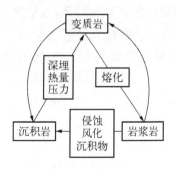

图 2.1　岩石循环

岩浆岩

岩浆岩也称火成岩。英文的"火成(igneous)"

---

① 译者注:岩浆岩约占地壳质量的 95%。

这个词,来源于拉丁语的 *igneus* 一词,意思是火。岩浆岩是源于地壳深处,并随着岩浆喷涌到地球表面而形成的。炽热的熔化的岩石并不像周围的岩石那样稠密,所以浮力会使它上升。假如岩浆是冷的并且在到达地表以前就已经凝固的话,那么它就会结晶形成**侵入岩**或**深成岩**。

岩浆岩的质地是由岩浆冷却的速度来决定的。如果岩浆冷却得慢的话,有充足的时间进行充分的结晶,岩浆岩的晶体颗粒就大;反之,岩浆迅速冷却就会形成细的晶体颗粒。有时岩浆可能在刚开始时冷却得慢,形成较大的晶体,但是随后当它到达地表时冷却就变得极为迅速了。这种交替冷却的过程就会产生一种独特的岩浆岩结构(纹理),即所谓的**斑岩**。晶体大的斑晶位于晶体较小的基岩里,这就是斑岩结构的特点。

一些岩浆岩由于被围岩所阻隔,冷却极其缓慢,也就为大的矿物晶体的形成提供了可能。矿物颗粒的大小取决于岩石冷却的速度。晶体颗粒的大小通常介于1~10毫米之间。那些晶体颗粒大到肉眼可见的岩石,其质地为**显晶质**。如果冷却的时间特别长的话,就能形成特别大的矿物颗粒——有些直径甚至会超过2厘米。带有这种粗糙的颗粒结构的岩石就称为**伟晶岩**。

跟被其他岩石包住的岩浆岩不同的是,喷出岩的形成,是当岩浆冲破上覆岩层喷出地表即火山活动,形成火山熔岩流,熔岩在地表冷凝而成的岩石就是喷出岩。像这样的熔融的岩浆周围并没有可以当隔热层的岩石,所以当岩浆一跟空气或海水接触时,就会迅速冷却,也就不可能形成大颗粒的矿物晶体。矿物晶体是如此之小,以至于人的肉眼无法看到,这种岩浆岩的结构就是**隐晶质**。个别的矿物颗粒直径小于1毫米。在有的情况下,喷出岩迅速冷却,会形成一种玻璃质的被称为黑曜石的火山玻璃。

另外还有两种有意思的岩浆岩构造:一种是所谓的气孔结构,这种岩石中到处都是密密麻麻的小孔,这是因为气体或气泡从炽热的熔岩中逃逸而出而形成的;另一种是火成碎屑结构,它是火山岩的碎屑和火山灰在极度高温下结合而成的。

化学成分

晶体颗粒和化学构成是对岩浆岩进行分类的基础。岩浆岩可以分成4种主要类型:

- 酸性岩;
- 基性岩;
- 中性岩;
- 超基性岩。

酸性岩在颜色上偏淡,主要组成矿物以硅、铝元素较为丰富。它们是与黏稠、缓慢移动的岩浆或熔岩流相联系的。酸性岩首先是在大陆的陆块上产生的。在酸性岩中分布最广的是花岗岩。

花岗岩是带有粗晶结构或大晶体的酸性岩的一个极好的例子。如果颗粒很细或是隐晶岩,它就被称为流纹岩。花岗岩和流纹岩主要是由石英、钾长石和斜长石等矿物组成的。

与之相反的是,**基性岩**的颜色是灰黑色的,主要由带有镁和铁的硅酸盐类矿物组成。铁镁质岩浆和熔岩的黏性(阻止流动的性质)低。它们产生于洋底地壳,主要矿物是含钙斜长石和辉石。这些岩浆形成了玄武岩,地球的洋底地壳几乎都是由它们组成的。这些岩石富含铁、镁,所以其密度比陆地的地壳要大。玄武岩是一种颗粒极细的基性岩。它既是地球上分布最广泛的岩浆岩,也是整个太阳系中分布最普遍的岩石。颗粒粗的基性岩就是辉长岩。

岩浆岩的另一种——**中性岩**,其组成成分光谱介于浅色硅酸盐矿物和深色的铁镁质矿物之间,属于基性岩和酸性岩的过渡类型。中性岩有两种常见的岩石类型:一种是显晶质结构的闪长岩;另一种是隐晶质结构的安山岩。中性岩中的主要矿物是中性斜长石和角闪石。

那些有极性铁镁质成分的岩石就称为**超基性岩**。橄榄岩就是一种超基性岩,它发源于地球下地壳的深处。它主要是由辉石和橄榄石组成。贵橄榄石是 8 月出生的生辰石,就是一种黄绿色的橄榄石宝石(如图 2.2 所示)。

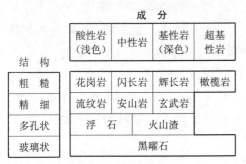

结 构	成 分			
	酸性岩(浅色)	中性岩	基性岩(深色)	超基性岩
粗 糙	花岗岩	闪长岩	辉长岩	橄榄岩
精 细	流纹岩	安山岩	玄武岩	
多孔状	浮 石		火山渣	
玻璃状	黑曜石			

图 2.2　岩浆岩的分类

一探究竟 2.1　鲍氏反应系列

有一张被称为鲍氏反应系列的图表可以很好地反应岩浆岩的矿物特点(如图 2.3 所示)。整个图表显示为 Y 字形,Y 字的左边为超基性岩(橄榄石、辉石、角闪石和黑云母),右边为基性岩和中性岩(富含钙、钠的斜长石)。Y 字的底部为酸性盐(正长石、白云母和石英)。Y 字的上部矿物是比底部矿物更高温度的岩浆外结晶的。比如,橄榄石在较高温度结晶,而石英则是一种在低温结晶的岩浆岩矿物。如果你开始收集矿物并有一定的品种和数量,那你就可以将其按鲍氏反应系列搞一个展示。这些矿物大多在博物馆商店或是网站(比如 www. wardsci. com)可以买到。

在岩浆喷发到地表的过程中,它的成分会经历一个叫做**部分结晶**的过程。在地球的深处,岩浆结晶形成了超基性岩类矿物和基性岩类矿物,比如橄榄石、辉石。这些矿物的生成和沉淀使喷到上层的岩浆的成分发生了改变。如果这一部分结晶的过程一直持续的话,就会使

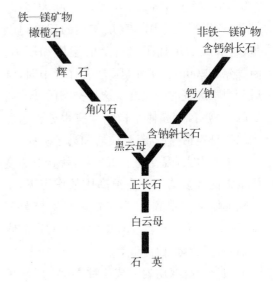

图 2.3　鲍氏反应系列

岩浆的成分从超基性岩变成基性岩,从基性岩变成中性岩,最后从中性岩变成酸性岩。因此,当岩浆的成分随着时间演化发展时,由岩浆凝固而成的岩浆岩也会相应地变化发展。这么说来,一种简单的岩浆可能会沉淀成含有不同成分的岩石,比如从超基性的橄榄岩到酸性的花岗岩。

变质岩

岩石在高温高压的条件下产生变质作用而导致的结构、成分变化的岩石就称为变质岩。地壳内部的温度随着深度加大而升高,所以岩石埋得越深,温度就越高。岩浆侵入已存在的岩石(也称围岩)时,也会使温度上升。**围岩**实际上会将岩浆或结构已变化的岩石包围。岩浆沿着地壳中的裂缝或裂沟向上移动到地表。它比周围的岩石更轻,所以有些岩浆实际上能"浮"到地表。

岩石会受到各个方向的压力,虽然这些压力通常并不均衡。这种不同的压力会使原本圆形的矿物变成扁平状或层状。当温度超过

200 ℃,压力高于 303 975 千帕(3 000 大气压)时,就会产生变质作用。变质作用的程度可轻可重,这取决于施加于岩石上的温度和压力。当温度介于 200～300 ℃,压力相对较小时,会形成变质**程度轻的变质岩**。这种类型的变质岩发展的矿物中,其晶体结构中含有水分。这些含水的矿物包括绿泥石、蛇纹岩和黏土矿物。

如果压力大,温度高于 300 ℃,就会形成变**质程度大的变质岩**。在高温高压的作用下,水分会从晶体结构中散发,所形成的矿物就是不含水的矿物。常见的变质程度大的变质岩矿物有石榴石、黑云母、白云母等。

地质学家将变质岩分成 4 种类型:压碎变质岩、埋深变质岩、接触变质岩和局部变质岩。小规模的变形,比如沿着断层边缘会产生压碎变质岩。岩石上的沉积物的重量会产生足够的压力,从而形成埋深变质岩——简言之,就是被上面覆盖的岩石重量而改变的岩石。当围岩被岩浆包围,受其热量影响,岩石进入一个所谓的**接触变质岩**的过程。**局部变质岩**是岩石被大规模的压缩变形而成的。

叶理化变质岩和非叶理化变质岩

变质岩又可分为叶理化变质岩和非叶理化变质岩两种。那种使矿物顺着一个方向结合的变质作用,会使矿物沿着平行的层状裂开。这就是所谓的**叶理化**,它会跟岩石受力最大的方向垂直对齐。

板岩、片岩和片麻岩都是以具有片状结构为特点的。这些岩石,比如常见的云母,就是趋向于片状裂开而不是团块状。板岩是一种低级的变质岩,它是由细颗粒的绿泥石和黏土矿物组成的。它的结构有**板劈理**的特点,也就是说,择优取向的矿物跟原生矿床平面呈某种角度。**择优取向**意味着无论矿物是何种类型,矿物的层状都会互相平行。

片麻岩的变质作用是最高级别的。它有着辉石矿物和角闪石的暗色条带,角闪石的黑色或暗色外形,形成了一种称为**片麻状条带**的结构。

非叶理化变质岩是由特定的岩浆岩和沉积岩或层状的岩石变化而来的。玄武岩和凝灰岩等基性火山岩经低级变质作用形成了一种称为绿片岩的新的岩石类型。这种岩石具有某些叶状结构的特点,主要矿物是角闪石和绿泥石,它们是由橄榄石、辉石和斜长岩演变而来的。高级变质作用会产生角闪岩或麻粒岩。当岩石熔化或被紧紧压缩时,叶理化会完全消失。

石灰岩中的矿物方解石在高温高压的作用下会变大。变质作用能将石灰岩变成一种新的岩石——大理岩。砂岩也是如此;但是它经过变质作用会变成一种非叶理化变质岩——石英岩。

沉积岩

当岩浆岩和变质岩由于机械过程或化学过程而断裂时,它们就成为一种新的岩石类型——沉积岩(如图 2.4 所示)。这些岩石是由称为**岩屑**的物质组成的。岩屑是因风力、水力将岩石、矿物侵蚀而成的小块物质。这些岩屑从源地被搬运到别处,最后通过岩化的过程转化成岩石。当沉积物层层积累,在压力的作用下,颗粒之间彼此黏合,就形成了**岩化**。

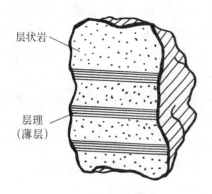

图 2.4 沉积岩

沉积岩有两种主要形式:碎屑岩和非碎屑岩。悬浮的颗粒被水或风运送的过程中,当搬运的能量减弱时,这些悬浮的颗粒就会往下沉积,日久天长就形成了碎屑沉积岩。由这一过程产生的岩石就是所谓的**碎屑沉积岩**。它是仅受物理作用而形成的。

非碎屑沉积岩是由化学沉积过程形成的,在这一过程中,化学物质从水中沉积下来。非碎屑沉积岩也可由生物化学作用沉积而成。当活的有机生物从海水中获取离子并将之用于贝壳和骨骼的成形,就产生了生物过程;当这些有机生物死亡后,它们的遗体直接堆积形成了**生物化学沉积岩**。

由鹅卵石或大颗粒组成的碎屑沉积岩称为**砾岩**。

一探究竟 2.3 温氏分级表

碎屑岩是根据碎屑颗粒的大小来分类的。温氏分级表将碎屑岩按颗粒大小进行了细分。颗粒最细的称为黏土,颗粒最粗的称为砾,包括鹅卵石、圆石和大圆石。温氏分级表将碎屑岩按颗粒从小到大或从大到小的顺序进行分类排列。出于实用的目的,最好是从大到小,将大圆石(直径大于 256 毫米)放

在首位,然后依次是圆石(直径在 64～256 毫米),鹅卵石(直径为 2～64 毫米),沙(直径 1/16～2 毫米)、粉砂(1/126～1/16 毫米)、泥(小于 1/126 毫米)。地质学家是如何区分泥跟粉砂的呢?他们通常的做法是:取一点样品放进嘴里,粉砂有砂的粗糙感,而泥则是十分光滑的。

如果岩石里的颗粒大多数是沙子大小的,那么这种岩石就被定义为**砂岩**。矿物学对矿物的分类做出了规定:主要由石英颗粒构成的砂岩就简单地称为石英砂岩;当石英与长石矿物颗粒混杂在一起时,这种岩石就被称为长石砂岩。

当某种岩石包含了许多不同的矿物和岩屑时,这种岩石就被称为**杂沙岩**。如果石英被粉碎成很细的泥沙然后再黏结在一起,这种岩石就被称为**沙泥岩**。如果它仍然保留着松散的物质状态,那么它还是被认为是沉积物。自然界中所有的沉积碎屑岩中,最为丰富的当数**页岩**了。页岩是由颗粒极细的黏土颗粒组成的。它们的解理很有特点,会沿着相互平行的平面碎裂成扁平的片状。

非碎屑沉积物的颗粒是通过结晶的过程紧密联结在一起的。石灰岩就是一个很好的例子,因为石灰岩的颗粒是由从海水中沉淀出来的方解石而产生出来的。有些石灰岩,比如贝壳灰岩和白垩,是源于有机物,并由生物沉淀(贝壳的堆积物)所形成的。由有机物质成岩而成的另一个例子是煤,它是由岩化或固化变硬的植物部分组成的。

另一组非碎屑沉积岩——蒸发岩岩盐和石膏——是由在封闭盆地里的海水蒸发而成的。当水分蒸发时,原先溶解在水中的离子化合物析出,就形成了**蒸发岩**。

一探究竟 2.4　自制层次分明的沉积岩

　　沉积岩多数都有分层，外观上有明显的层状分布。根据颜色和纹理结构有明显特点的分层称为地层。最厚的地层被称作块状层，而那些厚度小于 1 厘米的分层被称为薄层。你可以用不同颜色的沙子来动手模拟沉积岩的层状结构。从别处获得或制作至少 3 种不同颜色的沙子。你也可以在花鸟市场或手工店买到不同颜色的沙子。在一只干净的盘子里，倒上一层彩色沙子，使盘子铺满沙子，接下来分别用不同颜色的沙子分别铺上一层。注意观察你动手做的"沉积岩"跟别的沉积岩有什么相似之处。

　　在沉积岩中，从下到上，颗粒的大小会从大变小，显示出分级的层理。通常情况下，沉积岩的层状结构不是水平的，而是有一些倾斜的，产生了交错层理。这种特征表明了沉积物在沉积的过程中受到了风吹或水流的影响而产生了变化。当分层被分开，比较有名的像**河床形态**的特征，有时人们肉眼就能观察到。这些包括干裂、波痕或雨痕。

小　结

　　自然界中有 3 种主要的岩石类型：岩浆岩、变质岩和沉积岩。它们是由不同的方式形成的，你可以根据岩石的结构和它们的矿物组成来区分不同类型的岩石。

　　岩浆岩是由炎热的岩浆形成的。岩浆冷却速度的快慢决定了岩浆岩中矿物颗粒的大小。岩浆岩既可以是气孔构造的（岩石中到处都是小孔），也可以是火成碎屑构造的（火山岩的碎屑和火山灰结合在一起）。

　　根据岩石的颗粒结构和化学成分，岩浆岩可分为 4 种主要类型：酸性岩、基性岩、中性岩和超基性岩。

　　变质岩是由温度和压力的变化而使岩石发生变质作用而形成的新的岩石。地壳中原已生成的岩石在温度和压力的作用下，通过 4 种变质过程——压碎变质、埋深变质、接触变质和局部变质——形成变质岩。变质岩可以是叶理状或非叶理状，它们是根据岩石破裂的方式而定的。

　　沉积岩既可以从岩浆岩也可以从变质岩经过物理和（或）化学过程变化而来。小的岩块，无论是岩屑还是沉积物，都是由水和风搬运，最后经岩化过程变成一种新的岩石形态。

关键词

大陆漂移说,盘古大陆,岩石圈,地震,震源,纵波,横波,断层,软流层,居里温度,贝尼奥夫带,海沟,海底山

大陆漂移说

早在 19、20 世纪之交,板块构造理论就已初见端倪。不过,那时这一想法被称为**大陆漂移说**。1912 年,德国气象学家阿尔弗雷德·魏格纳(Alfred Wegener,1880—1930 年)声称大陆实际上是在地球的表面移动的,有时这些大陆会相互碰撞,裂成碎块。同时代的其他科学家对魏格纳的理论嗤之以鼻。他们认为地球表面要移动的话,首先得产生克服摩擦的巨大驱动力,而魏格纳的这一理论无法解释这种巨大的驱动力来自何方。直到 20 世纪 60 年代,魏格纳的这一理论才被证明是正确的。

魏格纳认为,2.5 亿年前,地球上的大陆和岛屿都连接在一起,构成一个庞大的原始联合古陆,叫做**盘古大陆**(也叫泛大陆),周围是一片广阔的大洋,名为泛大洋。在 2 亿年前,这个泛大陆逐渐分裂、向外漂移,一直漂移到现今的位置。这一理论起初被称为大陆漂移说。它的根据是现在的 7 个大陆轮廓具有显著的相向性,可以像小孩玩的拼图一样拼合在一起,不留什么空隙。而且不同大陆上出现的相似的生物化石也证实了他的理论。

地质学家亚历山大·杜·托伊特(Alexander du Toit,1878—1948 年)支持魏格纳的大陆漂移理论,但是他认为超级大陆并非只有一个而是有两个:北部的**劳亚古陆**,南部的**冈瓦纳古陆**。劳亚古陆是由现在的北美洲、欧洲和亚洲组成的,而冈瓦纳古陆则是由现在的澳洲、非洲、南美洲、印度、新西兰和马达加斯加组成的。劳亚古陆与冈瓦纳古陆之间隔着狭窄的**特提斯海**(也称古地中海,现已消失)。

现代的科研人员相信,盘古大陆在 2.5 亿年前确实存在,大约在 5 000 万年后,盘古大陆分裂成了劳亚古陆和冈瓦纳古陆。大约在 1 亿年前,劳亚古陆和冈瓦纳古陆开始各自分裂成更小的陆块。在 5 000 万年前左右,各个大陆的分布就跟我们现在看到的一样,没有太大的区别。

一探究竟 3.1　盘古大陆拼图

找一幅绘有 7 个大陆分布的世界地图,你也可以在互联网上查找一下世界地图,并将之打印出来;但是要确保打印出来的地图尺寸至少要跟标准信封一样大。将每一个大陆沿着轮廓线剪下来,然后试着将这些大陆拼成一个超级大陆。你可以将北边的大陆拼成劳亚古陆,然后将剩下的大陆拼成南部的冈瓦纳古陆,最后再看一看这些拼图是不是可以天衣无缝地拼合在一起呢?

地球是如何移动的

当科学家们开始接受海底和大陆是可以移动的这一概念之后,板块构造的研究在20世纪六七十年代开始得到进一步的发展。地球的表面尤其是**岩石圈**,这一地壳的刚性板块会按照块状进行移动。这些板块大小不一,宽度既有几百千米的,也有数千千米的。岩石圈分裂成7个刚性的大板块:非洲板块、北美洲板块、南美洲板块、欧亚板块、澳洲板块、南极洲板块和太平洋板块。还有若干个次一级的板块,比如阿拉伯板块、纳兹卡板块和菲律宾板块,也都是岩石圈的一部分。显而易见的是,岩石圈不是包裹着地球的一大块外壳,而是分裂成许多块状,就像是破了的蛋壳一样(如图3.1所示)。

图3.1　地球的七大板块

岩石圈包括地壳和地球表面的上层部分(深度大约有100千米)。按照密度的不同,地壳可以分为大陆型地壳(简称陆壳)和大洋型地壳(简称洋壳)。大陆型地壳是由较轻的长英质矿物和岩石组成的,比如花岗岩。大洋型地壳则是由镁铁质的矿物和岩石组成的,比如玄武岩。在板块构造理论中,这两种地壳组成成分都分别扮演着重要的角色。

一探究竟3.2　地球的内部圈层像个橙子

要理解地球的内部圈层到底是什么样的,有一个简单的方法,那就是将一个橙子对半切开(如图3.2所示)。如果橙子刚好是正中对半切开,那你看到的橙子的内部结构就跟地球的内部圈层很相似。位居中心的是一个小核,地球的核心也称地核,其直径有1 200千米。地核的外层是外核,其厚度大约有2 200千米。在橙子核心的外层是最大的一层——果肉,就类似于地球的地幔。地幔有2 900千米厚。

最后,顶端的部分是果皮,橙子的果皮有厚有薄,正如地球的刚性地壳一样。事实上,假如地球真的跟橙子一般大小的话,它的地

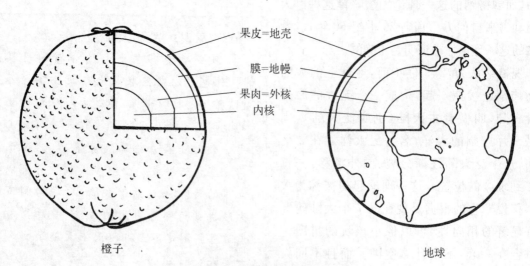

果皮=地壳
膜=地幔
果肉=外核
内核

橙子　　　　　　　　　　　地球

图3.2　橙子的部分剖面;地球的内部圈层

壳厚度比橙子的皮要薄得多。地壳的厚度从 8～40 千米不等。做完这个实验后,你可以跟你的好朋友好好分享一下你的地理大发现和橙子的美味了。

地球的内部结构

为了让大家更好地理解地球的外层地壳是如何移动的,回顾一下地球的圈层结构就十分必要。根据密度大小的不同,地球内部分成了不同的圈层。当地球开始形成时,是一种熔融的状态,从而使得稍重的元素比如镍和铁,就下沉到地球深处靠近地核的地方。中央的地核是固体状态,但被熔融状态的镍-铁构成的外核所包围。地球的磁场就发源于此。

轻一些的元素,比如二氧化硅,则漂浮在地球的表面,就像是卡布基诺咖啡表面的泡沫一样。这些漂浮在地球表面的较轻的矿物则形成了地球的各个大陆。介于地壳和地核之间的,是一个厚厚的中间层,叫做**地幔**。

由于板块构造理论关注的是上层地幔和地壳的部分,接下来,我们将重点讨论地震的地震能量、地球的部分振动和移动是如何改变这些圈层的。顾名思义,地震能量就是由地震引发的力而产生的能量。

地震和地震能量

当地壳的两个板块互相推挤,压力增大直至产生移动或振动时,地震就发生了。利用地震产生的地震波在地球内部传播的情况,可以划分地球内部的圈层结构。当强烈的拉力导致岩石移动时,能量就以地震波的形式在地球内部传播。火山喷发,尤其是断层边缘滑动,也会产生地震能量。

研究地震波运动及其影响的科学就被称为**地震学**。一种叫做地震仪的设备可以记录下**地震波**的分布及强度状况。计算机程序也使得研究人员可以对地震的相关特性进行模拟重构。地球内部发生地震的地方叫**震源**,地震波就是从震源处向外释放的。震源也正是弹性变形的岩石断裂并释放能量从而产生地震的地方。震源的上方跟地表相交的地方是**震中**。在震中,我们能看到地震产生的变化和破坏。地震波也是沿着震中向外延伸传播的。离震中越近,地震带来的摇晃感就越强,破坏也就越大。

地震波

显而易见,地震发生时会给地表带来多大的破坏:高楼倒塌,房屋摧毁,景观变化,到处是一片惨不忍睹的景象;但是,我们无法看到的是地震给地表内部带来了何种变化。也就是说,地震不单是一种地表现象,它还是一种会给地表和地底带来能量从而改变其现状的现象。

地震会产生两种类型的地震波:体波和面波(如图 3.3 所示)。**面波**,顾名思义,就是地震波从震中出发,传到地面,引起沿地球表面传播的波。它的特点是使地面既会水平晃动也会上下跳动,就像是把石头扔到平静的水面里所产生的水波一样。

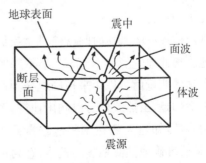

图 3.3　地震波

与面波形成对比的是**体波**。体波产生于震源,朝着地球内部的各个方向发散传播,而不单是沿着地球表面传播。体波又分为两种类型:**纵波**(即 P 波)、**横波**(即 S 波)。

纵波的传播方式跟声波很像,都是先压缩然后膨胀,岩石质点振动方向和波的传播方向一致,所以又叫压缩波。它是引起地面上下跳动的地震波。它的传播速度跟岩石类型有关。由于岩石的密度跟硬度有显著差别,所以纵波的传播速度也有相应的不同。即便如此,在所有的地震波中,纵波是传播最快的,通常在地壳中为 5～6 千米/秒,所以也是最先被地震探测中心发现的地震波。基于这个原因,纵波也常被称为初波(P 波)。

横波的传播速度也跟岩石的类型有关。横波是岩石质点振动方向和波的传播方向互相垂直的波,又叫剪切波;但是,这种运动会阻止波在液体或熔融岩石中的移动。由于横波的传播速度比纵波慢,所以它又被称为第二波(S 波)。纵波和横波都会先于面波到达地震观测台站。

当地震发生时,如何第一时间确定地震发生的确切位置呢?原来,利用纵波和横波的传播时间就可以确定地震发生的确切位置。要收集至少 3 个地震观测台站的数据才能对地震进行评定,这两种波的到达时间差是准确评估必不可少的数据。其具体做法是,在有经纬度的地图上,分别以 3 个地震观测台站的位置为圆心,以相应的震中距为半径画圆,3 个圆的交点就是震中的位置。

测定地震波的到达时间就使科学家们可以明了地震离此地究竟有多远。3 个不同的地震观测台站的测量值可以用来精确地找到震中位置。不幸的是,虽然我们可以测出地震,了解它的相关特性,知道大约在哪些地方容易发生地震,但是要准确地预测地震的发生,在目前的研究水平还是不太可能的事。

里克特震级表

里克特震级表是美国地震学家查理·里克特(Charles Richter)于 1938 年绘制的。用里克特表可以对地震的强度做出估算。里克特认为地震的强度可以通过离震中一定距离的最强地震波的高度和振幅测算出来。在过去的 70 年里,里克特的这一测量地震强度的方法得到了广泛的应用。

断层的类型

发生于脆弱的岩石单元内,当岩石受力达到一定强度,破坏了它的连续完整性,发生断裂,并且沿着断裂面(带)两侧的岩层发生显著位移,称为断层。岩层断裂错开的面称为断层面。断层面以上的岩块叫做上盘,断层面以下的岩块叫做下盘。通过观察两盘岩块的相对位移和力学背景,可以将断层分为四种类型:正断层、逆断层、逆冲断层和平推断层(如图 3.4 所示)。

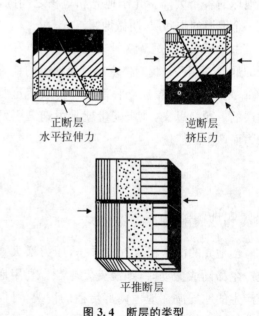

正断层 水平拉伸力   逆断层 挤压力

平推断层

图 3.4 断层的类型

正断层——上盘相对下降,下盘相对上升。

产生于岩石单元的水平拉伸力会将下盘拉开，岩层的水平距离加宽。

逆断层——上盘相对上升，下盘相对下降。岩石单元产生的水平侧压力将岩块挤压，使岩层的水平距离缩短。

逆冲断层——当断层面将上盘和下盘岩块分开，产生的断层面倾角小于15°。

平推断层——由于断层面是垂直方向的，上盘和下盘均水平运动。

你可以用几对大约长15厘米、宽5厘米、厚10厘米的木块来模拟上述断层。将一块木块沿着45°的角度（沿着对角线）劈开。把劈开的两块木块组合起来，就可用于模拟正断层或逆断层。将另一块木块沿着90°对半劈开，横向排列，就可用来模拟平推断层。

在里克特表里，震级可从1级到超过8级不等。每增大1级，就意味着释放的地震能量增大30倍。广岛原子弹爆炸产生的能量就相当于5.5级地震产生的能量。在里克特表里，记载的最大震级的地震是1964年发生于美国阿拉斯加的8.6级地震。这次地震产生的能量远比广岛原子弹爆炸的能量要大得多。更大震级的地震肯定是会有的，但是目前还没有记载。

拉张型板块边界

科学家们已经对板块边缘有了相当程度的掌握，知道了它们是如何活动从而引发地震、改变地球表面的。接下来，我们很快就会发现，岩石圈的板块会碰撞、漂移或者只是轻微地互相摩擦。板块与板块交界的地方，是地壳活动比较活跃的地带。地震、火山作用和造山运动都是源于板块交界的地方，板块的内部反而是比较稳定的。

岩石圈的板块，也就是地球外层的刚性地壳，是从洋盘里向外延伸而形成的。当新的物质形成时，它就会垂直于火山活动的区域向外移动。在这种情况下，这两个板块就会形成**板块边界**，产生洋脊。这一过程既可以发生在陆地上，也可以发生在海洋里。众所周知的一些板块边界，比如位于肯尼亚和埃塞俄比亚的东非大裂谷，位于美国新墨西哥州的科罗拉多大峡谷。海洋中的裂谷要比陆地的小得多，宽度只有不到1千米，包括中大西洋中脊和东太平洋海岭。

岩石中的磁极以奇怪的距离跟扩张中心相间分布。当岩浆处于一种熔融的运动状态时，磁性颗粒以随机的方式对齐。当温度超过580℃时，地球的磁场使得磁性颗粒按照明显的北极—南极的方向对齐。这个温度临界点就称为**居里温度**，或磁性转变点。在这个温度临界点，磁性颗粒在原地保持不动，记录的是磁场的方向。事实证明地球的磁场不是永恒不变的。每隔数十万年，地球的磁极就会发生倒转的现象。因为洋壳富含铁，所以它像指南针的指针一样忠实地记录下了地球磁极的多次倒转。磁北极和磁南极之间的地磁线穿过洋盆。

洋壳最终会消亡。现存的最古老的地壳也不超过2亿年。洋盆中的洋壳年龄各不相同，经历着新陈代谢的过程。岩浆从软流圈向上涌。软流圈是一个熔融状态的可塑性圈层，位于地表以下大约700千米的深处。玄武岩岩浆不断从大洋中脊裂缝溢出，形成新的地壳并将先前形成的老地壳从中脊依次向两侧推开。这种过程不断进行，新的洋壳便不断地形成和向外扩张，所以离海岭越远，洋壳的年龄则越老。当洋壳与陆壳或是与另一个洋壳相遇时，它就会逐渐熔化、混合而后消亡。

离大洋中脊越远，沉积物的厚度越厚。这是因为洋壳有很长的一段时间是暴露在洋底的，沉积物就相应地在此沉积。你可以根据沉积物的年龄和沉积物与大洋中脊的距离来测算出洋壳扩张的速度。

洋壳的扩张速度有快、慢之分。这是因为洋壳并不是一个平面,而是跟地球表面一样是一个曲面。此外,岩石圈上面有陆壳的,移动速度比岩石圈上面只有洋壳的要慢得多。洋壳的扩张速度快,也意味着大量的岩浆从大洋中脊涌出。当洋壳远离大洋中脊并冷却稳定下来时,洋盆的深度会随着距离拉大和年龄变老而加大。

挤压型板块边界

当不同的板块碰撞或挤压在一起时,就形成了**挤压型板块边界**。这些板块移动是如此之慢,以至于数百万年才可能发生一次碰撞。但是,板块的碰撞是有原因的。板块边缘折叠、弯曲产生的合力会使地震发生,也会使熔融的岩石从大陆板块中涌出地表,产生更多的地震和更频繁的火山喷发。

在南美洲的西海岸,也就是纳兹卡海洋板块与南美洲大陆板块相撞的地方,就形成了安第斯山脉,包括沿着山顶分布的链状火山带和太平洋沿岸的深海沟。

科研人员发现,新形成的洋壳与消亡的洋壳,其数量是一致的。

当两个板块相互碰撞,洋壳就将下沉形成海沟。这些海沟是海底盆地中最深的部分。当两个板块相遇,其中一个板块必然由于另一块的作用,被推至下方,最终进入软流圈的循环。而这些被推至下方的板块则被称为**俯冲带**。

俯冲带是那些位于上驮板块下方,进入地幔的岩层。这种作用过程也造就了一个地震活跃的地区。而地震带从地表一直延伸到软流层。震源深度则可追溯从海沟到 600 千米以下地幔的一系列断层区域。这个区域被称为和达-贝尼

奥夫带,或者简称贝尼奥夫带,以此纪念和达清夫(Kiyoo Wadati)和 H・贝尼奥夫(H. Benioff)两位独立建立相关地震理论的科学家。

挤压型板块的边界有多种形式,其中包括了两个大洋板块之间的相互挤压。俯冲板块的摩擦热造就了火山带,即所谓的(火山)**岛弧**。这些火山带平行于**海沟**,即海底中的深沟,在那里高密度的洋壳滑入软流圈,并且火山并不是位于俯冲的板块上。例如,位于阿拉斯加沿岸的阿留申群岛就是个这样的例子。

另一类挤压型板块边界发生在洋壳俯冲到大陆板块下方的时候。在这种情况下,海沟和火山岛弧产生在非俯冲的大陆板块一侧。例如,可以去看看太平洋板块被北美大陆板块推至下方。还有一类更富戏剧性的例子就是大陆板块之间的相互挤压。它们在板块接触点上形成了大型的山脉。有着世界最高峰的喜马拉雅山脉就是板块碰撞的产物。它是曾经自由漂浮的印度板块与亚洲板块相撞而成的。

一探究竟 3.3 弯曲变形的岩石

由于板块碰撞的作用力使岩层弯曲或褶皱,所以分布在板块边界的岩层常会产生变形。大多数的岩石是可以呈塑性变形的。褶皱可分为 3 种不同的类型:

背斜构造 在外形上一般是向上突出的弯曲,岩层自中心向外倾斜,褶曲的两翼向下远离褶曲的枢纽。

向斜构造 水平岩层向下推挤,两翼指向上方。它一般是向下突出的弯曲,岩层自两侧向中心倾斜。

事实上,背斜和向斜是区域褶皱系统的组成部分。区域褶皱系统中,背斜的一翼往往也是相邻的向斜的一翼。

单斜构造 两翼仍然是水平的,但是岩层已经被上推。

你可以用一叠厚纸来自制褶皱。确保所有页都对齐码好，然后试着弯曲这叠纸来形成背斜构造、向斜构造和单斜构造。为了更直观地观察小规模的变形效果，你可以在最上面的那张纸上画上几条直线。

剪切型板块边界和海底链状山谷

有时候在板块边界上，岩石圈既不生长也不消失，只有剪切错动的边界，这种边界就是**剪切型的板块边界**。这种情况是一个板块边界向另一个板块边界下滑俯冲的结果。但是剪切型板块边界并不会像拉张型或挤压型板块边界那样产生灾难性后果。俯冲的结果往往是形成了一系列的链状山谷，在这些山谷里，岩层由于下滑俯冲而成为上覆岩层。介于错断山脊之间的区域就是板块转换边界产生的地方。由于板块接触的特点，沿着剪切型板块边界分布的地震，震源都比较浅（也就是离地表较近）。关于这种板块接触类型的一个有名的例子就是圣安德烈斯断层，它位于美国加利福尼亚的西边，从洛杉矶一直延伸到旧金山之外，长约 1 200 千米，伸入地面以下约 16 千米。

趣闻趣事：美国加利福尼亚的西部断层部分正在缓慢地向加利福尼亚的北部移动。由于沿着断层的运动是向一侧运动而不是垂直运动，所以不用担心洛杉矶的地表会裂开并掉入海洋，但是洛杉矶会以每年大约 6 厘米的速度继续向旧金山方向移动。大约一千万年以后，这两座城市将会并列在一起，合二为一。

有确凿的证据表明，板块是在不停地运动着的。这些证据包括太平洋板块两侧出现的岛链，沿着海底分布的众多火山——被称为**海底山脉**或**海底火山**。比如夏威夷和马歇尔-埃利斯岛链。它们呈东南—西北方向延伸，穿过中部太平洋洋盆，东南部显示出活火山活动的迹象，而西部较远的其他群岛中的火山则处于休眠状态。

当前的研究认为，这些火山岛链之所以形成，是因为太平洋板块在一个固定的热源上移动，这个热源位于岩石圈的深处。这些热源可能是地球的地幔里的热区，相对于运动着的岩石圈或地壳而言，它们是静止不动的。热源也可能来源于岩石融化。岩石之所以会融化，则是因为高浓度的放射性元素释放出来的热量。熔融的岩浆向上涌向热源上方的地表。根据这些热源与火山链之间的距离，就可以计算出板块移动的绝对速度。尽管火山活动活跃的地区集中分布在热源的上方，但它最终将移开成为海底侵蚀山或海底平顶山。

一探究竟3.4 地幔对流

就像一壶水烧沸时会冒出灼热的水蒸气一样，地幔中的热流也是如此。将一口平底锅放在火炉上，中火加热。当水开始出现蒸腾时，观察水的运动。热流形成，使得锅底的热水开始升到水面，当热水与空气接触时又开始冷却下沉。这一循环模式被称为对流。现在把两块小海绵放入水面，看看它们是如何移动的。它们是分开了还是待在一块儿了？用海绵就可以模拟出岩石圈板块在对流的软流圈上是如何移动的。

正如沸水会产生热流一样，热量会使半熔融状态的上地幔缓缓移动。它产生的牵引力作用在刚性的岩石圈板块上，就会导致最终大规模的板块构造运动。

小 结

随着时间的推移，几个世纪过去以后，人们

对世界以及大陆是如何形成的看法有了巨大的改变。20 世纪 60 年代以来，板块构造的概念已经被公众完全接受和理解。

现在科学家们相信海底和陆地是移动的，地球外壳是由刚性板块组成的岩石圈构成的，而岩石圈是在不停地移动的。地球的板块移动时所产生的地震能量就带来了地震。通过理解不同类型的地震波及其与岩石的交互作用，就可以知道地球内部是如何分为不同圈层的。

板块边界分为 3 种类型：拉张型板块边界，物质会从火山活动区域向外扩张，是板块生长的场所，即海底扩张的中心地带，海岭和裂谷都属于这类边界；挤压型板块边界，在这里，两个板块相遇，是板块对冲、消亡、碰撞的场所，即两个板块的聚合俯冲带，构造活动强烈且复杂，主要形成岛弧、山弧和海沟；剪切型板块边界。在这种边界，岩石圈既不生长，也不消亡，只有剪切错动的边界，一般比较平直，浅震活跃，转换断层就属于这类边界。

海底山脉是沿着海底分布的火山链或侵蚀性的海底山丘，它可以帮助我们了解板块是在不停运动的。通过测量火山活跃地区和海底山脉之间的距离，可以测算出板块移动的速度。

地质过程

地表的变化

　　构造板块是地表景观形成的幕后推手。地
球是在不断地变化和运动的,虽然我们或许不
常意识到这种变化和运动的方式,但更引人注
目的可能是地球表面经常被各种地质过程所塑
造。火山作用、构造作用、水力、风力、冰川和重
力都在始终不断地作用在地球的表面,有时会
在短时间内发生显著的变化,有时则是极其缓
慢的变化,人类几乎无法察觉。

火山活动

　　回顾一下第三章里介绍的板块构造作用,
地壳的分裂、变形这一地质过程能使地球的表
面形成不同的景观。另一个地质过程则是**火山
活动**。当地球内部的岩浆到达地球的表面时,
这一过程就称为火山活动。这可能是源于熔融
物质的缓慢流动或火山的剧烈喷发。

　　提到火山的威力,大多数人可能都觉得害
怕。尽管火山喷发会造成严重的破坏,但是不

可否认的是,它也会带来一些积极的影响。如
果你把火山想象成是地球外部圈层中的一些洞
或裂缝,那么对于火山是如何帮助形成我们如
今居住的大陆,就较为容易理解了。现在许多
居住在火山岛上的人们也是安之若素的。

　　除了肥沃的火山土,许多自然资源也是火
山活动的产物:沙子来自曾经是熔融状态的岩
石;花岗岩曾经是灰泥的状态;金和锡都是在熔
岩中形成的;就连灼热的火山岩所产生的热量
也可以被用来发电。

　　我们都能在脑海中想象火山喷发的情形。
但是你知道吗? 火山有不同的喷发物类型。玄
武岩熔岩和泥流是液态喷发物。火山碎屑物则
是由固态碎块组成的,这些碎块的大小不一,既
有大至几吨重的火山弹,也有砂粒到核桃般大
小的火山渣,还有直径小于 0.01 毫米的火
山灰。

玄武岩熔岩和泥流

　　由于玄武岩熔岩和泥流有着特殊的物理性
质,它们有了特殊的名称。玄武岩熔岩有 3 种
类型:波状熔岩、渣块熔岩和枕状熔岩。前两
种类型是由夏威夷土著居民命名的,因为在夏
威夷,活火山十分集中。**枕状熔岩**是因为它的
外形跟枕头很相像。**波状熔岩**有光滑的表面纹
理,但有时它的外观很像绳索,这是因为移动的
岩浆打褶在一起了。渣块熔岩,也称 **aa 熔岩**。
"aa"是夏威夷词汇,音"阿阿"。渣块熔岩是移
动速度快的熔岩流过速度慢的熔岩时形成的。
具体说来,就是熔岩在流动过程中,表层熔岩不

断固结,固结的表层随着熔岩的流动不断发生脆性破裂,形成表面粗糙的"渣块","渣块"又随同液体熔岩翻滚、黏结,形成翻花状,因此渣块熔岩又称为翻花熔岩。这种熔岩流中布满多孔带刺的熔岩碎块,被称为"渣块"。枕状熔岩表面很光滑,外形浑圆,呈椭球状,状似枕头,它是熔岩在水中迅速冷却、凝结而成的。

当火山岩浆从地底喷发时,它是通过称为裂缝的管形通道喷到地表的。火红的熔岩流或**火喷泉**,能在喷发时标出发生的地点。喷发过后,在火山管周围可以发现许多小珠子和玻璃线。夏威夷土著人将它们分别命名为火山女神Pele 的眼泪和头发。

显而易见的是,火山喷发对地球的影响既是持久的,也是引人注目的。当液态的岩浆在地下的管道中移动时,熔岩流通常会形成一层外壳。一旦岩浆耗尽,这些熔岩管道就成为中空的地下管道。以后当这些熔岩管道被发现时,人们就知道这里曾经发生过火山活动。有些熔岩管道可以延伸数百米,里面的空间之大,足以让人行走其中。

趣闻趣事: 在美国爱达荷州的月球火山口国家纪念地,就有直径 10 米、延伸数百米长的火山管。火山管里的泉水清凉无比,一年四季始终保持在 2 ℃左右,即使气温在 25 ℃左右时。火山管里的池水里有冰。一处被称为"无底洞"的地方其实是一口天然的冰井,那里有 3 米厚的雪堆,使得井里的冰终年都不会融化。

当大规模的火山喷发时,会喷出大面积的熔岩,形成熔岩流,在地形平坦处似洪水泛滥,到处流溢、分布面积广,所以又称"**泛流喷发**"。比如在美国的西北部,从华盛顿州和俄勒冈州一直延伸到爱达荷州,有一个区域就被称为哥伦比亚河熔岩泛流。

另一种类型的液体喷发物称为**火山泥流**或泥流。这是火山作用的一种混合产物,它通常是由山区冰雪融化而成的。火山的热量可以融化冰川和泥流,它可以毫无预警地突发而至。在美国华盛顿州的雷尼尔山,小而频繁的泥石流经常发生。比方说,起初都是因冰川突发洪水,这些突然释放的水流是不可预知的,流速达每小时 15～30 千米。

暴雨或积雪快速融化的结果之一就是引发泥石流。泥石流是由岩石、泥土和其他碎屑混合在一起的河流。泥石流可以从源头一直往下移动数千米,而且在移动的过程中,还会卷走树木、汽车和沿途的其他物品,规模越变越大。对于居住在海拔较低地区的毫无戒备的人们来说,泥石流的结果往往是毁灭性的。

火山碎屑流

跟泥石流一样,火山碎屑流不是由液态的岩浆组成的,而是由灼热的火山灰和岩石碎屑组成的。这种类型的碎屑流在火山地区火山口和火山管以外的区域产生,它顺势而下,沿着山坡向下移动。有的火山碎屑流会喷射出炽热的火山灰和气体,从而形成**火山云**。火山喷发时,岩浆会以 160 千米/小时的速度沿着斜坡向下冲去,而不断膨胀的气体则会将固体颗粒喷向天空,接着被抛向空中的岩石碎块和火山灰纷纷降落在火山周围地区。对于居住在火山脚下的人们而言,这些火山喷发物可能是灾难性的。1902 年,从西印度群岛的一座小火山——皮里山喷出的火云摧毁了有着 28 000 人的小镇圣皮埃尔,仅有为数不多的几个幸存者幸免于难。整个过程只花了大约 5 分钟,发出了巨大的火光。

火山碎屑流留下的残骸碎片大小不等,既有**火山弹**(大到几吨重的岩石),也有**火山渣**(从沙粒到核桃般大小),还有细小的火山灰。有时炎热熔岩中的气体迅速逃逸,岩石上就会形成无数的小孔,比如浮石或火山渣、熔渣就是熔岩留下来的残骸。

盾状火山

由熔岩流层层堆叠而成的火山称为**盾状火山**。它的名字源于它的结构外形，因为它看起来很像是倒放的盾牌。尽管这种火山的侧翼斜坡很浅，但是它们可以延伸很长的距离，所以看起来这些火山就显得很高。在那些地下有很多长管道的地区，在火山喷发期间，熔岩会从这些管道的地面开口处流出来。正是这种活动形成了盾状火山。

这些火山山脉十分巨大，事实上，在地球上最大的火山中，有一些就是盾状火山。举个例子，冒纳罗亚是位于夏威夷岛上的一座盾状火山。加拉帕哥斯群岛上的众多火山也都是盾状火山。

火山也有"蓄水池"，它是位于地球深处由岩浆组成的**岩浆库**。它的顶部是一个长管或烟囱状，从而使得岩浆可以由此涌升至地球表面。当熔岩流出后，新的熔岩又会将岩浆库填满。

在火山喷发期间，岩浆库会变得空空如也。如果下方没有涌出更多的岩浆或熔岩，火山喷发就会停止，地面就可能会产生塌陷，形成一个更大的火山口。当火山顶端塌陷使火山口加大时，这种火山口就被称为破火山口。

火山的岩浆库在地球的深度会有不同。埃特纳火山的岩浆库位于约 19 千米的地下深处，而维苏威火山的岩浆库仅 5 千米深。夏威夷的基拉韦厄火山有两个岩浆库：一个位于地面下方 3 千米深处，另一个则位于 50 千米深处。

火山渣锥

火山渣锥是火山的另一种形式。它是从单一的火山管中喷发而出的凝结熔岩碎片堆积而成的山丘。当熔岩从出口被喷入空气中时，它会分裂成小块或灰烬。这些小火山几乎完全是由火山碎屑沉积物构成的。

随着岩浆在火山中集聚，它会与气体混合，而这些气体是在岩石融化时形成的。岩浆和气体的混合物很轻，会移向地球的表面，并最终从火山顶部喷涌而出。这种类型的火山喷发就形成了火山渣锥。

当火山管中的火山喷发物从液体的玄武岩熔岩流变成火山碎屑物时，就可能产生火山渣锥。这些火山山坡铺满了碎石，并且很陡峭，中央的火山口往往就是火山的最高点。

在北美洲的西部，火山渣锥很常见。比如位于墨西哥的帕里库廷附近的火山，科学家连续 9 年一直在观察这座火山的发展过程，它最终摧毁了圣萨尔瓦多和圣胡安附近的城镇。

复火山锥

由火山碎屑物和熔岩一起组成的火山被称为**复火山锥**。当火山喷发形式改变时，会形成交替分布的岩浆层和火山碎屑沉积物。这些火山有着非常陡峭的侧翼和猛烈爆发所产生的黏性熔岩。

复火山锥跟火山渣锥一样，顶部都有一个火山口，但是它们可能包含有一个中央火山管或一群火山管。熔岩从破火山口或通过裂缝流出。当熔岩凝固时，它就像堤坝一样加固了火山锥。随着这些物质的积累，就形成了这一类型的火山。

世界上一些风光无限的山脉就是复火山锥，包括日本的富士山、美国加利福尼亚州的沙斯塔山、美国俄勒冈州的胡德山以及美国华盛顿州的圣海伦山和雷尼尔山。

一探究竟 4.1 自制盾状火山

你可以用石蜡制作一个盾状火山。将大约 0.45 千克的蜡放在盘里，然后再放在一块热板上。你可以用着色剂比如蜡笔将蜡变成灰色。这能使最终的成品看起来像玄武岩一样。首先，用一把小的长炳勺，将融化的石蜡倒到扁平的盘子上。花 30 秒左右的时间等它凝固，然后将另一层石蜡倒在同一个地方。

重复这一过程,看看它是如何发展为盾状火山的。如果每次都能将石蜡仔细地倒在同一位置,那么你就会发现中部会形成火山坑或火山口。看看里面的蜡池是如何变成洼地,又是如何沿着两翼溢出使两翼不断增长的。熔化的液体会沿着火山的两翼即最容易的路径往下流动。

深成岩、岩脉和岩床

有些火山物质永远都到不了地球的表面。它们在地下就已凝固,形成了**深成岩**。深成岩是形成于地球表面之下的岩浆岩的主体。只有当侵蚀过程发生以后,这些深成岩才有可能露出地表。例如,一座严重风化剥蚀的火山可能会露出内部的柱状岩石,它们之前从未露出地表。

其他的地下深成岩包括岩脉和岩床,它们的差别就在于与围岩的方位不同。围岩是深层侵入岩,不能移动。**岩脉**是那些倾向于围岩,在围岩中塑造成形的形态成枝状的不规则小岩体。**岩床**是板状岩体,它平行于围岩岩层构造。在地表下方凝固的大规模岩浆体被称为**丛生岩基**。通常由大片的花岗岩组成,它们在地下冷却、凝固。

最后,火山被侵蚀后的残余通常会留下被称为岩颈的柱状物,它实际上是填充于火山通道中的**熔岩**及火山碎屑物经侵蚀露出地表而成,也称火山颈。

上述火山的类型及其形态如图 4.1 所示。

河流或水的塑造作用

在所有能改变地表的方式中,最明显的作用可能就是水的力量了。一场暴雨之后,人们往往都能看见大路上或小径中出现的冲沟,在小溪转角处的沉积物和漂浮物,或是更动人心

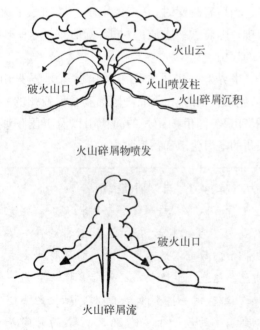

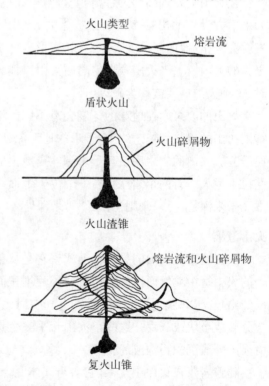

图 4.1　火山的类型及其形态

魄的洪水。水的作用可以在几小时甚至更短的范围里迅速改变地表景观。

河流的作用会造成侵蚀，水也可以运输沉积物。物质可以从河流源头一直运送到入海口，最终排放入海。科学家们测量出河流的正常排放量与河道交汇处的排放量，与河水流速的成正比。水流越快、越急，就会携带更多的沉积物到远处沉积。

水流可以水平流动在平行层间，被称为**层流**。也可以在波涛汹涌、起伏不定的层间起伏流动，被称为**湍流**（如图 4.2 所示）。沉积物的搬运有两种方式，它取决于不同类型的水流：如果它是沿着**河床底部**平稳地移动，称为**推移**；如果它受湍流的作用，沿着河流底部跳跃式前进，时进时停，称为**跃移**。在这个过程中，小的淤泥和黏土颗粒可以悬浮在水中，还有一些沉积物是如此之小，以至可以完全溶解在水中。

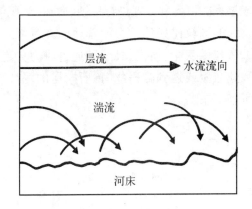

图 4.2 河流作用

河槽是所有河流的开始形态，它会随着时间不断地演变。开始时，是相对平直的水道。河道最初的原形也可能是一口小泉，泉水从地下涌出，最终泉水溢出，形成小溪，然后汇流成河，最终与其他支流汇合，流向大海。

河流年龄越轻，在高速水流的冲刷作用下，河道越深。在水流速度减缓的地区，泥沙等沉积物就开始沉淀，形成**沙洲**或沙堤。随着河流年龄的增长，河道也开始变得曲折起来。这些蜿蜒曲折的河道能反映出河流流经区域切割塑造过的表面岩石。当河流遇到坚硬的岩石时，最简单的办法就是绕着走。

在河道更深的部分，人们发现，在曲线的外侧部分，水流流速和侵蚀率都很大；而在河道靠内侧的部分，水流速度小，沉积物在此沉淀形成**边滩**。有时候，河道或曲流会被边滩拦断，这一过程导致了一些从主河道分离出来的部分水域就变成了湖泊。这些湖泊被称为**牛轭湖**。一些古河道可能是因为沉积物阻塞，形成辫状外形，泥沙沉积的岛屿和牛轭湖阻断了河流的走向，使河流改道或消失。

河流中有大量的沉积物沿着河道形成。天然堤坝、沉积物累积会形成河岸，限制河水流到河道。当洪水发生时，洪水溢出河堤，形成面积广大的水平沉积层或**河漫滩沉积物**。在河漫滩之处是**台地沉积物**，它来自河漫滩侵蚀物沉积或其他区域。

水流的作用会一直持续到河流入海。小溪和大河会流到江河入海口，在那里它们可以流得更为通畅，水流过程——水流、沉积物和变化的自然景观都更为醒目了。

河流三角洲是在河流入海口处，泥沙沉淀堆积而成的扇形沉积物。在三角洲内，河道分汊，流水分成众多细小的分支入海。同样，**冲积扇**（河流从峡谷进入平原，形成的扇形沉积物）能使河流在平坦的谷底扩展开来。

当河流汇入大海时，它很快就失去了向前的动力，它所携带的泥沙也会迅速沉积下来。这就是你会看到沙洲、沉积物、三角洲向外延伸的原因。非洲的尼罗河和美国的密西西比河这两条大河，其三角洲延伸到数千平方千米。比如，美国的新奥尔良城的所在地在不到 5 000 年前就曾经是海。

一探究竟 4.2　自制河道

将一桶细沙（可以在大部分五金商店里买到）倒在一个大的浅底锅里。将细沙表面弄平，然后在沙子表面洒上水，使沙子变湿后，它们会聚集在一起。接下来，将锅倾斜大约20°，使一股平稳的水流从高到低溢出沙子表面。这时你会看到沙堆里形成了一条"河道"。将小石头之类的小障碍物放在"河道"中，观察它是如何影响水流和"河道"的形状的？

在环境和地形的影响下，陆地和河道总是反映了水流作用的历史。比如，在过去几年里，当美国的密西西比河洪水溢过河岸时，就会形成天然的堤坝。在与河道相邻的条带状区域是粗糙的沉积物。通向河流的斜坡会拦截雨水，使得大雨很难流入河流，一条支流会与河流并行长达300千米直到它找到合适的地方才与之汇合。这种天然堤坝还可以帮助在邻近河流的区域形成所谓的河漫滩沼泽。

河流之间隔着的地形高地叫做**分水岭**。河流的排水面积通常是由地形以及河流流经切割的岩石所决定的。河流趋向于绕过分水岭或岩石结构而不是横穿过它们。河流分支被称为**树状分支**，这是因为它们以相同的方式分汊，就像分支众多的树杈一样。支流最终会以某种角度汇入主干河流。如果你有机会从空中俯瞰，它们看起来真的就像是有着众多分杈的树枝。它们会在坡度和岩石类型没有明显变化的区域形成，使得河水可以更为自由地流动。

如果支流与主干垂直交会，所形成的水系格局就称为网格状水系。在有巨大的地下岩石构造控制的区域，往往会形成网格状水系。在山脉的侧翼或火山处，从山峰往下延伸形成众多的小股水流，就形成了放射状水系格局。

就像板块构造或火山力量始终在起作用一样，地球表面的水流影响一直在变化。所有的水流过程，从最不起眼的小溪到宽广的大江大河，都在以某种方式塑造着地球表面。我们可能会看到，飓风和洪水能在瞬间使地表产生戏剧性的突变，但水却是在持续地发生作用的——搬动沉积物、形成沙洲、塑造天然堤或在山谷里切割出一条新的溪流。洪水的影响是显而易见的；但小溪大河里奔腾不息的流水总在不停地改变着陆地，有时它们是以粗心的观察者不易察觉的细微方式进行的。

风成过程

风成过程的某些特性是会变化的，比如风，就有不同的风向（如图4.3所示），瞬息万变。跟水一样，风既可以长期而缓慢地改变地表景观，也可以通过剧烈的风暴显著改变地表景观。风成过程能以各种方式进行侵蚀、搬运、沉积泥沙。大的颗粒比如沙子会沿着地面弹跳，而更小的微粒像灰尘、淤泥、黏土则通过风力传送。当风速减缓或遇到障碍物时，所搬运的泥沙就会沉积下来。

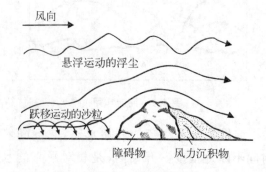

风向

悬浮运动的浮尘

跃移运动的沙粒

障碍物　　风力沉积物

图4.3　风成过程

例如，泥沙会在岩石或大砾石背风的一侧沉积下来——在向风的一侧，由于气流汇聚，风速实际上会增大；而在石头的后面，气流开始分散，使得风速下降，合力使得泥沙沉积。

风的侵蚀作用会使泥沙表面磨损和移动。

更大的鹅卵石和大石头会留在后面,形成了所谓的**沙漠砾石表层**。当风带携带着的跃动沙粒遇到无法被风带走的岩石时,就会对岩石产生研磨作用,所以这些岩石的表面就会被塑造成不同的形状。这种岩石称为**风棱石**。

除了风棱石,风的侵蚀作用也会产生形如船舰的所谓**雅丹地貌**。在极干旱地区的一些干涸的湖底,常因干涸裂开,携带着沙粒的风沿着这些裂隙吹蚀,裂隙越来越大,使原来平坦的地面发育成许多不规则的船形垄脊和宽浅沟槽,这种支离破碎的地面即为雅丹地貌。在雅丹的迎风面——白龙堆已经被沙磨钝。风棱石和雅丹的成形和产生,进一步证明了风的力量有多强大。

趣闻趣事: 在加利福尼亚州东南部的莫哈韦沙漠,金属的裙子被放置在基地的电线杆的基部,有金属的保护物以延长电线杆的使用寿命。如果跃移的沙真的可以折断电线杆,那就不难想象吹沙是可以将岩石雕塑成形的了。

同一方向持续的风力可以形成风成沙地,称为**沙丘**(如图4.4所示)。基本上,当风被吹到小土堆迎风的斜坡面时,会在更陡的斜坡面顺风落下。浅的斜坡称为**顶积层**,沙子从这里向上跃移翻过土堆的顶部,就像在风中跳舞。当沙子到达**前缘**或是最陡的斜坡顶部时,沙子会沿着陡峭的斜坡向下滚动,形成倾斜的前积

层也称**滑落面**。沙粒会由此向下滑落,其下滑的速度跟聚集的速度成正比。沙丘通过滚动沙子的方式进行迁移,所以,顶积层是底层的沙子移动而成的。

沙丘是根据其形态或外形进行分类的(如图4.5所示),它是风沙运动的产物。新月形沙丘——常见的沙丘形态之一,是一个新月形的沙堆,两侧的弯角朝着顺风的方向。它与抛物线沙丘有所区别,后者有着类似的形状,但是它两侧的弯角是朝着逆风的方向的。在抛物线形的沙丘的外侧,有植被生长,起到了固沙作用,使沙的运动减缓,从而使得沙丘的中央部分赶上了侧翼。

其他沙丘在外观上是相当笔直的。横向沙丘正在生长,它最长的轴与风向垂直。相反,线性沙丘的长轴或多或少与盛行风向平行。当两股不同方向的风以一定的角度汇合时,就会形成线性沙丘。星形沙丘的整体外观与海星相像,有着丛生的沙脊。它是四面八方的风吹向固定沙丘,形成了多个附属的沙臂。

海岸线及其沙丘可能被猛烈的风暴毁坏,它们或许也可能因持续吹刮而来的沙子而扩展。在这里,某些顽强的植物能在潮湿的环境里生根、幸存下来。这一类的植物有可能有多种,两极分化;但是它们能适应当地的气候,扩展海岸线,使其免遭暴风雨的侵扰,改变了地球的面貌。

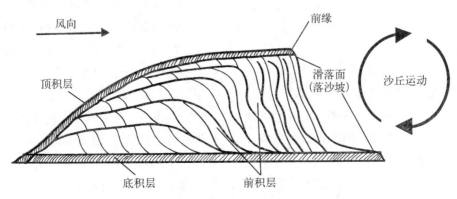

图4.4 沙丘的形成

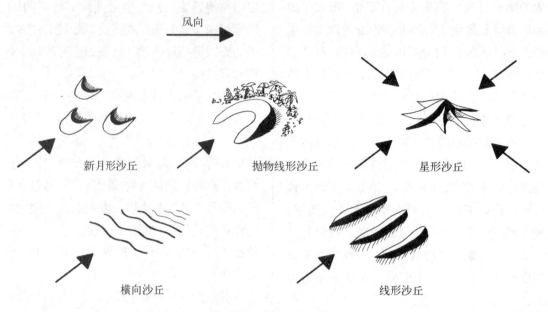

图 4.5　沙丘的类型

一探究竟 4.3　自制风洞

　　风是空气和碎屑的流体运动,风能侵蚀沉积物或使沉积物堆积成堆。这个过程可以通过在家自制风洞来模拟。自制一只盒子,打开两端,其中一端对着风扇。在盒子的底部,铺上一层细沙。把风扇挡位调到最高挡,看看沙粒有什么变化。仔细观察沙粒是否顺着风向反弹或跳跃。在风的必经之路放上一块橡皮擦之类的小障碍物,看看它是如何影响移动的沙子的运动的? 说一说可能形成的沙堆的形状。

冰川作用

　　我们通常认为冰川的事发生在冰河时代,但像风、水、地震和板块构造一样,冰川也在时刻对地球产生作用。在改变地球表面的众多力量中,冰川作用是运动最缓慢的力量之一;但从亘古以前直到现今,无论在何地,冰川的影响作用都是很明显的。比如瑞士阿尔卑斯山脉的马

特洪峰、北美洲的北落基山脉的许多景点都是冰川作用而成的,还有壮观的峡湾、冰隙、悬崖和其他的岩石形态,也都是冰川运动的结果。但早期冰川只在陆地上留下了一些痕迹。事实上,冰川的作用之一就是形成了许多风景名胜,比如在新英格兰留下了巨石阵,在美国的中西部地区形成了轻缓起伏的农田,在美国纽约州的北部形成了类似壶形的池塘或鼓丘的奇怪地形。**鼓丘**是流线型的不对称小山。

　　冰川可以覆盖山脉甚至整个大陆。在地球重力的作用下,冰川会沿着斜坡缓慢移动。冰川实际上是再结晶的雪块。雪花已经被压实,空气都已被挤出。渐渐地,雪和冰的质量使冰挤压在一起,形成固体。当雪和冰随着时间继续发展到厚度超过 20 多米时,结果就是冰冻的大型雪块开始移动。这一过程可能发生得极为缓慢——也许一天只移动几厘米到几米——但是当它开始移动时,它就不再是冰原,而变成了冰川。显而易见的是,这种厚重的冰雪对塑造地表能起到巨大的作用。

　　冰川移动有两种方式,它们实际上可以沿

着基部滑动，或是以冰块的内部流动来移动。想象一下，地球表面下的岩浆在流动，然后火山口向上冒泡的情形。同理可推，当巨大的冰川向下滑动时，冰块也在内部移动。

冰川的冰块在融化的同时，也润滑了冰川的基部，冰晶的变形则使得整体结构向下移动。冰川的顶部则不会以这种方式移动，它的表面很脆弱，当冰川在崎岖的地形上移过时，会形成一些称为**冰隙**的大裂缝。

冰川是动态的，它的大小会随着积雪和融雪之间的细微变化而改变。由于持久的严寒，在极地地区，冰川很是常见，而且实际**上雪线**（常年积雪的下界积雪在此位置不会融化）的位置就是海平面的位置。在温带地区，雪线多位于海拔几千米的高度。

冰川是根据它们所覆盖的表面来分类的。那些能覆盖大部分陆地的冰川被称为**冰原冰川**。地球上的大多数冰川都是冰原冰川。其他一些冰川在海面上形成，被称为**冰架**。这些冰川多出现在高纬度大陆的沿海地区，厚度可达到 1 000 米。位于高山山峰上的冰川被称为**山岳冰川**。规模小一些的山岳冰川被称为**冰斗冰川**，这是因为它们只占据了山体的一小部分。其他的山岳冰川被称为**山谷冰川**，它们可以在高山的大部分区域扩展开来。当山谷冰川到达海岸线时，可以深切山谷，产生**峡湾**。**山麓冰川**会从山体的两翼延伸到周围的低地。有时整座山都被冰川包围，形成**冰帽**（巨型的圆顶状冰）。冰帽自身其实就是冰川，但是它是从山顶或高原中心向外流动到相对水平的扩展区域而成的。

如果水分条件和极度严寒这两个条件都具备的话，冰川可以用各种各样的方式形成。所有这些不同类型的冰川，从冰盖冰川到冰帽，可能会覆盖不同的区域。冰川既可能存在于山顶上、山坡上、山谷里，也可能出现在海洋上，甚至，像冰帽一样覆盖整个山顶。无论冰川在哪里，它们的作用都是相似的。冰川移动缓慢，当

它们沿坡下滑时，都会对地表产生影响。

当冰川移动时，会引起侵蚀，重塑地表形态，产生独特的地形。与移动的冰盖直接接触的岩石常会被磨蚀圆化，并且表面常会覆盖长长的平行凹槽——**冰川擦痕**。通常，冰原冰川会雕刻出冰丘，它是无纹的椭圆形或流线形，是冰川漂移的不对称山。

一探究竟 4.4　冰的力量

当水凝结成冰时，它的体积会膨胀约 9%。这一点很重要，因为这种膨胀能将坚硬的岩石分裂开来。在日常生活中，水冻成冰可能是一个烦人的问题。例如，如果汽车散热器里的水没有按照合适的比例与防冻剂混合，在一个寒冷的冬夜，散热器会由于里面的水结冰膨胀而裂开。从地质的角度来说，结冰和随后的融冰反复进行，就像冰楔一样直到把岩石劈开崩碎，这一过程称为冰劈。在北方地区生活过的人每年都有这种生活经验，那就是每年的冰冻会使道路坑坑洼洼，起伏不平，人行道上也会出现裂缝。

试一试这个实验，亲自体会一下冰的威力。将一个装满水的塑料瓶放入冰箱的冷冻室里，确保瓶子完全装满水，里面没有空气。一两天后，取出瓶子，看看它是否随着水变成冰而产生变形或裂开。

两万年前，北美洲和欧洲大部分都被冰川所覆盖。你可以发现冰川的痕迹：在基岩上看到刮痕，一块大圆石独自耸立在山顶，河流切割穿过山谷。冰川携带的岩石通常会分裂成许多的小块，然后最终磨成所谓的石粉。冰川的影响，就像其他改变地球的力量一样，可大可小，小到我们或许永远也看不出它们所带来的一些变化。

冰川漂移是指在冰川作用下冰的凝结、融化和移动，以及碎屑的积累而沉积下来的沉积物。这些沉积物的大小很悬殊：既有细微的黏

土颗粒,也有巨大的砾石。冰川能将各种大小的岩石从源地搬运移动。它们一旦沉积后,就被称为漂砾。未经分选的沉积物小颗粒,被称为冰碛物。冰碛物堆起来形成的高地,称为冰川堆石。那些最终被研磨成石粉的岩石是如此之细,以至于无法用肉眼区分。

块体坡移或重力过程

风化层是松散的沉积物层,它覆盖着地球的表面。如果风化层驻留在斜坡上,它可能会由于重力作用而下滑。这种改变地表景观的过程称为**块体坡移**。当斜坡无法支持水、冰和风化壳的质量时,就会发生块体坡移。

当山体突然崩塌时,风化层通常会沿着斜坡向下落下,留下弧形的疤痕和地表的凹陷。地震、被雨水浸泡很久的陡峭山坡会引发这种类型的块体坡移。岩石会变松并从悬崖滚落,然后它们有时会跟更细的沉积物混合在一起形成一个称为山麓堆积的**岩堆**。它们是在悬崖底部或斜坡底部由碎屑积累而成的。

块体坡移在寒冷的气候里会特别引人注目。正如你在一探究竟4.4里所看到的那样,当水结成冰时,它的体积会膨胀约9%。当我们讨论冰川时,我们也知道,即便冰是固体,它也是能流动的。有时,冰川内部的小部分是能运动的,冰川的底层部分是会融化的,从而导致整个冰川移动。当被水浸透的地面结冰时,岩石会从土壤里向上移动,当冰融化时,岩石则会下滑到土里。同样,冻土在夏季会通过所谓的**冻融缓滑的过程**向坡下移动,在这一过程中,土壤物质会在永久冻土层上进行大规模移动。岩石会在排列成矩阵的冰中接合,形成岩石冰川。

尽管我们已经分别单独讨论了可以塑造地球的各种作用,但有时,这些作用会协同作战。比如,冰岛的冰帽占地5 000平方千米,在冰帽的下方有一座活跃的火山。火山产生的热量使冰融化,融水形成了水池,不时地从冰帽的边缘下方喷涌而出。水流的力量能携带巨石和冰块,立即改变了地表景观。

作用在地球上的力很少是单独行动的。火山喷发会引发泥石流和地震,它们可能改变河流的流向或促使洪水产生。影响地球表面的所有力量一直都在起作用,偶尔会联手起来导致更加剧烈的变化。尽管我们可能认为这些事情是灾难性的,但正是这些相同的过程创造了我们的陆地,形成肥沃的农田,产生了蜿蜒曲折的河道,并增添了秀美的山川。

小　结

火山作用、板块构造作用、水力、风力、冰川和重力的力量在不断地改变着地球的表面。第三章介绍的板块构造作用,是一个使地壳分裂、变形的过程。当熔岩到达地球表面时,就产生了火山作用。火山有不同的形式和外观,比如盾状火山、火山渣锥或复火山锥。

河流或水能侵蚀和搬运沉积物。这是一个持续而缓慢的过程,虽然在极端天气事件中,我们也可以看到显著的景观变化。

风成过程是指风改变景观的方式。风会用各种方式侵蚀、搬运和沉积泥沙,它取决于风力的强弱、景观的类型以及风所携带的物质。

冰川或冰原会覆盖高海拔地区,然后在重力的拉动下,沿着斜坡向下移动。跟风和水一样,冰川也会造成侵蚀,形成独特的冰川地貌。冰川也会将泥沙包括各种大小的岩石携带搬运到别的地方。

在崩塌、滑坡的现象里,重力的作用也是一个主要因素。松散的沉积层或风化壳,会因为重力而下滑。水和冰的存在可能会增大这种可能性,导致地表景观的显著变化。

关 键 词

均变论,地层学,相对年龄测定,动物群序列,放射性年龄测定,放射性半衰期,碳-14测定,前寒武纪,显生宙

地球到底有多少岁了

直到19世纪,人们才开始知道地球究竟有多老。在此之前,人们都相信地球只有6 000岁。这是根据1650年爱尔兰的阿尔马的大主教詹姆斯·乌瑟(James Ussher,如图5.1所示)提出的理论。他声称,公元前4004年10月23日早上9点,地球诞生了。这一数值是他通过计算《圣经》里的伟人们的年龄之和而得来的。

图5.1 大主教詹姆斯·乌瑟

在古代,研究《圣经》的学者们通常主导着关于地球起源的理论。他们的早期研究表明,地球的特性源于短期内发生的各种事件。例如,他们通常声称,正是《圣经》里描述的诺亚时代的大洪水,形成了所有的沉积岩。那些追随这一理论的人们被称为水成论者(Neptunists),这一名字的英文来源于古希腊海神的名字。

其他人则提出,所有的岩石的起源都是岩浆岩——它是由熔融的岩浆形成的。坚持这种观点的学者则被称为火成论者(Plutonists)——英文名为冥王星(Pluto),是古罗马掌管阴间的神。

然而,当英国的地质学家查尔斯·莱尔爵士(Charles Lyell,1797—1875)在1830年出版了《地质学原理》一书后,人们关于地球的起源的观点有了改变。在《地质学原理》这本书里,莱尔提出了"均变论"的理论。均变论认为,假以时日,物理的外力作用,比如水、热、风、冰和地震,都会改变地球的表面,山川河流的形成都是长时间积累的后果。

莱尔的理论部分是建立在地层厚度和层数的基础上的。地层需要很长的时间才能形成——远在公元前4000年以前就已经开始形成了。莱尔的第二本著作《古代的男人》就支持查尔斯·达尔文(Charles Darwin)的进化论。达尔文在1859年的著作《通过自然选择方式的物种起源》中,将人类看待地球的形成方式进行了革命性的颠覆。达尔文的研究挑战了宗教信仰中关于创世的理论,提出地球以及地球上的所有生命形式都是进化过程的产物。

相对年龄测定

在 15 世纪,自然哲学家尼古拉斯·斯蒂诺(Nicholas Steno)仔细观察岩层以及其中的奇怪的化石是如何形成。他首先遵循的是地层学的重要原则。地层学在测定岩石的相对年龄方面确实有作用。地层学研究的是分层的沉积岩。斯蒂诺采用的叠加规律表明,年长的岩石是在年轻的岩石下面发现的。这是因为当沉积物从溶液中沉积下来时,最年轻的层将会沉积在之前形成的岩层的上方。根据最初的水平沉积原则,这些沉积物会以水平沉积的方式沉积。水平岩层的任何改变都是在当岩石受板块构造力的影响而变斜的时期。

早期探测地球历史使用的方法是相对年龄测定法,将岩石单元按**年代序列**排列。

探测地球历史也可采用人们发现的其他方法。比如,采用的方法之一**横向连续性**是,即层状沉积物会从任一点从各个方向沿着侧面横向扩展。这一概念的重要性在于它使得人们可以从任何给定的遥远位置预测出地层的位置。例如,如果你发现了一个有特殊成分的岩层,通常这种特殊成分会横向延伸一定的距离,除非它被另一种天然障碍物所打断。

化石:打开地球历史之门的钥匙

保留在沉积岩中的植物和动物的遗骸称为化石。化石通常是由生物的硬体部分(骨骼、牙齿和贝壳)组成的。当生物瞬间被掩埋,而且免受微生物或其他动物的打扰时,遗骸才有可能被保存下来。在完好的沉积物中,生物柔软的部分偶尔也可以被保存下来。在其他罕见的情况下,一些小的生物在琥珀中是整体成为化石的。

大多数的大中城市都有自然历史博物馆或科技馆。在博物馆里,通常都会展出一些价值不菲的珍贵化石。当你到这里参观时,特别寻找一下,看看有没有一些在当地发现的化石种类,相信它们在当地人的眼里一定备受欢迎。

当你参观博物馆时,要记住的是动物主要分为两类——**无脊椎动物**(没有脊椎的动物)和**脊椎动物**(有脊椎的动物)。

在已知的化石中,有许多无脊椎动物的化石,它们包括海绵、珊瑚、水母、贝壳类生物和昆虫。

收藏家知道一些熟悉的种类。如腕足类生物,是带有腕足的软体动物。还有节肢动物,其中包括三叶虫(一种已经灭绝的早期甲壳类动物)、螃蟹和昆虫。软体动物比如菊石(它有螺旋形的化石外壳,因其表面通常具有类似菊花的线纹而得名)。棘皮动物包括沙钱(外形仿如银币)、海胆、海百合、海马和海星。海百合是一种古老的无脊椎动物,具多条腕足,身体呈花状,表面有石灰质的壳;它的身体有一个像植物茎一样的柄,柄上端羽状的东西是它们的触手,也叫腕。这些触手就像蕨类的叶子一样迷惑着人们认为它们是植物。在几亿年前,海洋里到处是它们的身影。

当这些生物被保存在沉积岩层里时,它们的内部结构完好无损,使人们有机会欣赏到多姿多彩的生物标本,了解地球生命的历程。

当断层或岩浆岩岩脉或海底山脊穿过岩层时,它一定比所穿过岩层的沉积物年轻,这一原则被称为**交叉剪切关系**。内部包括岩浆岩和沉积岩成分的围岩,比它们所包围的岩浆岩一定是更老的。

化石可用来将沉积岩层按相对*时代序列*排列。**动物区系演替**原则表明,化石是按合理的顺序沉积的,在地质记录所反映的*顺序*来看,是新物种取代旧物种。**动物区系**指*的*是动物的生命,**演替**是指时间序列。因此,*最古老*

的化石会在新岩层的下方发现。通过鉴定在两处相隔甚远的地方发现的相似类型的化石，结果表明，在地球历史上的同一时期形成了多个地层。

绝对年龄测定

近几十年来，相对年龄测定等技术被用来测算化石以及地球上发现的化石遗迹的年龄。这些系统多年来一直很好地为地质学家、考古学家和古生物学家服务，但这些系统也有一定的局限性。现在，通过使用**放射性**或**放射性年龄测定技术**，要确定岩浆岩、变质岩以及一些沉积岩的形成的真实年龄，已成为可能。这个过程是建立在岩石样本中尚存的原始材料与衰变产物的比例的基础上的。通过测量这些比例，科学家可以进行简单的运算来确定岩石样本的确切年龄。

1896年，法国物理学家亨利·贝克勒尔（Henri Becquerel，1852—1908年）发现，铀会通过放射性衰变随着时间的推移而改变。1905年，英国物理学家欧内斯特·卢瑟福勋爵（Ernest Rutherford，1871—1937年），熟悉原子的结构，他第一个提出放射性是测量岩石年龄的关键所在。

不整合接触

两个或两个以上的地层单位是如何互相接触的，成为地层学的重要研究内容。当地壳处于相对稳定下降的情况下，形成连续沉积的岩层，老岩层沉积在下，新岩层在上，不缺失岩层，这种关系称**整合接触**。其特点是：岩层是互相平行的，时代是连续的，岩性和古生物是递变的。整合岩层说明在一定时间内沉积地区的地壳运动的方向没有显著的改变，古地理环境也没有突出的变化。如果在不同的时代，均有暴露在外的岩石区域，或者岩石之间有岩层缺失的证据，那么就说明在沉积历史上曾有过中断。在这一时期，岩石暴露在外受到侵蚀，从而导致不整合接触面的产生。这些**不整合接触面**或"地质时期"的中断是很重要的，因为它们中的每一个都会告诉我们，一段关于地球的表面是如何形成的故事。

有3种类型的不整合面：**假整合面**是将沉积岩的两个岩层分开而形成的表面；如果上覆沉积岩层与下方的沉积岩层以某种角度相交，这种不整合就称为**角度不整合**；将岩浆岩和（或）变质岩从上覆沉积物分开的不整合，被称为**不整合**。每种不整合的类型都有助于告诉研究地球结构的科学家一段不同的故事。

在20世纪之初，放射测年代使科学家可以确定一些岩石的实际年龄，从而首次表明可以测定的地球历史有几十亿年。更引人注目的是，在当时，科学家还没有发现同位素，而且还不可能准确地测定衰变速率。

在20世纪50年代以后，同位素年龄测定变得非常有价值，因为当时测定岩石年龄的技术变得更为精准。在第一次世界大战之后，随着质谱仪（可分离和检测不同同位素的仪器）的发明，使得科学家发现了200种同位素。同位素是元素相同但原子数量不同的分子，这种原子数量的变化是由于元素会随着时间衰减。同位素实际上是主要的放射性元素变成稳定状态的一系列衰变的结果。

岩石的绝对年龄是基于某些元素的自然放射性衰变。当铀衰变时，它变成了我们知道的铅元素。当这种情况发生时，铀的母原子通过固定的时间间隔会转化为铅的子原子。这个间隔就是**衰变常数**。

母原子与子原子的比率是会变化的，而且这一数值在实验室里可以测算出来。一个数值被称为**放射性半衰期**——它是母原子转变成子原子的时间的一半,它被用来计算岩石的年龄(如图 5.2 所示)。铀变成铅序列的半衰期是大约 45 亿年。钾变成氩的衰变也被用来测算岩石的年龄。这个序列的半衰期是 12 亿年(如表 5.1 所示)。实际上只有 5 种放射性同位素在确定岩石年龄上有应用价值,有些太罕见,有些的半衰期太长或太短;然而,这些同位素可测算出岩石的年龄从 5 万年到 45 亿年不等。

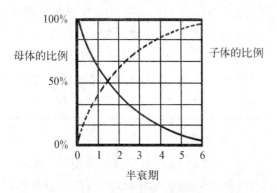

图 5.2   绝对年龄测定

放射性同位素主要发现于岩浆岩里。当熔岩凝固时,岩石就诞生了。那些含有丰富的钾,可通过测定钾-氩的方法来测定年龄的矿物质,包括正长石、白云母和角闪石。可用铀-铅方法测定年龄的矿物质,包括磷灰石、锆石和榍石。一种叫做海绿石沙的沉积矿物,富含钾,是唯一可用于测算岩石年龄的沉积岩。

表 5.1   常用的放射性同位素

放射性母体	稳定的子体	半衰期/年
钾-40	氩-40	12.5 亿
铷-87	锶-87	488 亿
钍-232	铅-208	140 亿
铀-235	铅-207	7.04 亿
铀-238	铅-206	44.7 亿
碳-14	氮-14	5 730

碳-14 或放射性碳,被用于测算比较年轻

的岩石或地质事件。因为在所有的生物体内,碳-14 和碳-12 的比率是不变的,所以这种**碳-14 测定技术**能够很好地完成任务。当生物死亡时,碳-14 的转变会停止,而碳-14 会开始衰变。碳-14 转变成碳-12 是岩石年龄测算的基础。随着技术日益创新发展,碳-14 技术已成为一门成熟的技术,它可以测定的最早岩石年龄可到 75 000 年。

裂变轨迹年代测定法

有一种完全不同的方法可用来测定含有云母矿物的岩石的年龄,它被称为**裂变轨迹年代测定法**。铀自发的放射性衰变,会释放出带电粒子,这些带电粒子在矿物的晶格里,离开可辨的轨道或裂变轨道。晶格是位于组成矿物的晶体结构之间的空间。在给定区域里的轨道的密度,是与铀浓度和岩石的年龄直接相关的。这在测算云母和天然合成的玻璃方面特别有用。

除了可用来测算不同的岩石或在地球表面发现的化石的年龄外,这些现代技术实际上还可以用来测算出地球的年龄。根据对从太空中坠入地球表面的陨石或岩石进行放射性年龄测定,可以推导出地球的年龄。这些石头中,有些的形成时间被认为非常接近太阳系形成的时间。在绕着太阳旋转的行星中,地球被认为是进化系统的一部分,考虑这一点,科学家们已经确定地球的年龄是 46 亿岁。

一探究竟 5.1   岩石的年龄

从地图册或网上找一幅我国的地质地图。地图是按照暴露在地表的岩石的类型和年代绘制不同的颜色来区分的。在地图上找出你所在的省份或城市的位置。确定你脚下的土地里的沉积物或岩石的年龄。它们是不是有数百万年的历史了?这些岩石又是在地质历史上哪个时期形成的呢?

地质年代表

地质年代表的大部分意义就是它与我们居住的地球上的生命的进化有关。从化石记录中可以找到相关证据，因为化石可以帮助鉴定年代。在不同地区找出相近年代的岩石方面，化石是有最有用的方法之一。化石既有简单的，也有复杂的，它们都能告诉我们很多关于地球历史和生命进化的信息。它们还是重要的环境指示器，能告诉我们很多关于某一特定地区的历史，比如，嵌在石灰岩中的贝壳化石可能表明这一地区曾经被浅海覆盖。

在野外，地质学家采用两种方法对岩层进行分类：第一种方法叫做**岩石地层学**，检测岩石的组成；第二种方法叫做**时间地层学**，考虑的是岩层的沉积时间。在岩石地层学中的关键度量单位称为形态，而在时间地层学中的关键度量单位称为**时期**。

岩层的形态可能表明之前的地质事件——地震、冰川、火山或洪水。时间地层学则帮助地质学家了解岩层是何时沉积的。

假如把地球的历史压缩为一年

要彻底了解地球这一漫长的历史时期，真的是一件相当困难的事。使这种跨度 46 亿年的历史变得直观、更容易理解的方法之一，就是将地球的整个历史假设成只有 1 年。

1 月 1 日：地球形成。

2 月 20 日：流星坠入地球表面，同时地球对行星形成时遗留下来的碎片清理结束。

3 月 1 日：年代最久远的岩石形成。

3 月 25 日：生命出现。

9 月 12 日：海洋植物光合作用产生氧气，氧气开始在大气中积累。

11 月 7 日：第一个多细胞生物出现。

11 月 10 日：第一个有贝壳的生物出现。

11 月 20 日：脊椎动物出现。

11 月 22 日：海洋中的第一条鱼出现。

11 月 28 日：植物和动物开始移居陆地。

12 月 2 日：两栖动物出现。

12 月 3 日：第一个昆虫出现。

12 月 7 日：爬行动物出现。

12 月 13 日：恐龙漫步地球。

12 月 14 日：哺乳动物被发现。

12 月 26 日：恐龙灭绝。

12 月 31 日下午 3 时：第一个原始人类，类人生物出现。

12 月 31 日晚上 11 时：现代人类出现！

宙和代

现在我们知道，地球非常老，它的历史已经被分为许多具体的时间段。为简单起见，地球历史可分为两段：一是前寒武纪，其范围从地球的诞生直至 5.7 亿年前；二是显生宙，涵盖的时间段从 5.7 亿年前至今。

地质日历的很多细节都不为人知，直到显生宙的第一段时期。之前的 40 亿年被简称为**前寒武纪**，关于这一时期，我们至今仍知之甚少。我们所知道的是：在前寒武纪时期，原始生物例如藻类、细菌、真菌、蠕虫和海绵的数量众多。

大约 6 亿年前，进化出了更复杂的生物并开始激增。这一时期被称为**显生宙**，意思是"可见的生命"。宙可进一步细分不同的代。显生宙分为三个代：古生代（5.7 亿年前到 2.45 亿年前）、中生代（2.45 亿年前到 6 600 万年前）、新生代（6 600 万年前至今）。

为了进一步理顺地球的历史，代又被分解成不同的时间段称为纪。新生代细分为第三纪和第四纪。这些额外的细分使我们更便于讨论特定的时间块。

由于找不到保留下来的化石，前寒武纪时期的生物多样性是非常模糊的。在**奥陶纪**期，昆虫和藻类在陆地上有立足之地。在这一时期,海洋脊椎动物类似没有下颚的鱼开始出现。**随着志留纪、泥盆纪的开始**,一种叫做两栖动物的脊椎动物在陆地上出现。虽然这些生物仍然要返回大海产卵,但它们一生中的大部分时间是待在陆地上的。

在美国,大煤炭沼泽森林是已知的**密西西比纪**(即早期的石炭纪,年代为 3.6 亿年前至 3.2 亿年前)的产物,爬行动物在**宾夕法尼亚纪**(又叫晚石炭纪,3.2 亿年前到 2.85 亿年前)出现。从中生代的开始到三叠纪,第一个哺乳动物开始出现。

大约在这个时期,超级大陆——盘古大陆(泛大陆)开始瓦解。在**侏罗纪**时期,恐龙开始繁荣起来,直到**白垩纪**晚期,恐龙可能是受小行星的影响开始灭绝。恐龙的灭绝原因——这是关于地球历史的最引人注目的问题之一——其他理论主要聚焦于全球气候变化、火山活动加强(这也可能引起气候变化),以及板块构造的主要变化(它与火山活动有着必然的联系)。由于化石记录不完整或混乱,使得要确定到底发生了什么事情变得很困难,但是气候变化(由陆地移位和海水退却引起)和小行星的影响或许是可能的引发因素。

前寒武纪:
    冥古代
    太古代
    元古代
显生宙:
    古生代:二叠纪、宾夕法尼亚纪、密西西比纪、泥盆纪、志留纪、奥陶纪、寒武纪
    中生代:白垩纪、侏罗纪、三叠纪
    新生代:第三纪、第四纪

在中生代的白垩纪,第一个被子植物(有花植物)出现并扎根。直到新生代,哺乳动物才出

现了多种类型并在地球表面占据统治地位。在第三纪,灵长类动物首次出现。

小 结

我们的地质时间概念曾经是基于《圣经》学者的作品。大主教詹姆斯·乌瑟在 1650 年宣布,将《圣经》里出现的伟人的年龄相加,就可以知道地球是何时诞生的。他认为地球只有 6 000 年的历史。在 19 世纪以前,人们一直相信他的论断。他的论断大部分是围绕着地球形成的主要短期事件,比如创世记或大洪水,所以信者众多。

查尔斯·莱尔爵士在 1830 年的《地质学原理》一书中提出了"均变说"的理论。他认为水、热、冰、风、地震和其他自然事件经过漫长的时期塑造了地球表面的形状。

地层学研究的是分层的沉积岩,是由哲学家尼古拉斯·斯蒂诺提出的。它使得科学家们可以通过相对年龄测定的方法来知道某些岩石究竟有多老。

放射性测定理论研究的是某些元素的放射性衰变速率。科学家能够用它来确定地球事实上有数十亿年的历史了。

前寒武纪(从地球最初形成到 5.7 亿年前)和显生宙(5.7 亿年前至今)的划分,为我们更好地理解地球历史搭建了一个有用的参考框架。在这两个重要的时期里,又可细分为代和纪,从而有助于进一步了解构成地球历史的许多事件。

当我们在讨论地质年代时,重要的是要记住我们正在谈论的是一个漫长的时期。科学家们的深入研究,不断有新的发现,使我们得以了解早期的地球的模样。在人类出现以前,地球究竟是什么样子的? 在人类出现以后,地球又是如何变化和发展的? 这些问题都将随着科学研究的进一步深入而逐渐得以解答。

海 洋 篇

海洋的组成及分层

关 键 词

放气,光合作用,深海温度测量器,盐度,氢键,卤水,表面区,密度跃层,温跃层,盐跃层

海洋的起源

在我们生活的地球上,海洋的起源一直是个谜。直到近代,严谨认真的科学研究才使人们得以获悉这些巨大水体的相关知识。海洋实际上覆盖了地球表面大约 70% 的面积——约 2.25 亿平方千米,平均水深约 3 千米。事实上,地球上的水体总量为 4.8 亿立方千米。地球上这些巨大的水体在很多方面都起着显著的影响作用。接下来,我们会探索地球是如何形成的,深入探究海洋学这门研究海洋世界的化学、物理、生物和地质方面的科学。

科学家们相信,在木星的卫星——木卫 II 和木卫 III 的地下有水存在,在火星的极地冰帽和地下永久冻土里也有水存在。还有一种看法已被大多数人接受,那就是最早的生命形式是在地球的海洋里形成和发展的。

人们认为,地球上最初的水是一个花费了数百万年的过程的产物。**放气**是气体包括水蒸气从地幔里释放并从地表深处通过火山喷发而排放出来的过程。在通过放气过程产生出来的早期空气里,并没有氧,氧是后来通过光合作用而产生的。**光合作用**是植物将二氧化碳转化为

氧气的过程。这种空气确实含有甲烷、氨和二氧化碳的蒸汽形式。

在这一时期,地球是如此的炎热,以致蒸汽无法冷凝成液态水。当地球开始冷却后,原始大气层中的气态水冷凝,落下了第一场雨。经过了数百万年,地球已经充分冷却,使得水可以在洋盆里聚集。

按照地球和其他生命形式的发展,将进化过程进行一番审视,想一想:130 亿年前,星系形成;46 亿年前,地球形成;海洋大约在 42 亿年前开始形成;氧气的革命或者在氧气开始充足到支撑生命的时段大约是在 20 亿年前;海洋和大气大约在 8 亿年前达到了稳定的状态。这个过程毫无疑问是花费了极其漫长的时间才完成的。

虽然人们通常将火山放气作为海洋的形成与演化的一种解释,但还有一些证据表明,富含冰的彗星可能撞击了地球,将水带到了地球上,就形成了现在的海洋。

蒸发是液体变成气体的过程,而当水蒸气变成液体的过程就称为冷凝。图 6.1 显示了水分循环的过程,包括结冰、融化、蒸发和冷凝。

海洋的起源

你是否想过这样一个问题:地球上浩瀚的海洋究竟来自何方?我们的海洋是几十亿年前形成的。在地球历史的早期,火山活动远比现在活跃。火山喷发会放出大量的气体,形成了大气,它包括氮气、二氧化碳和水蒸气。随着水

蒸气的积累,最终冷凝成雨,落到年轻地球的表面。猛烈的暴雨将地球上的低地填满,最后就形成了我们现在看到的海洋。

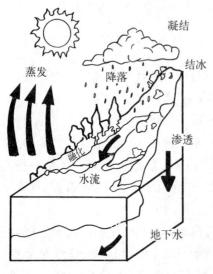

图6.1 水循环的过程

海洋学简史

海洋学有时又称为海洋科学,是一个复杂的研究领域,它对海洋的多种特点进行研究。**海洋地质学**主要研究地球被水覆盖的洋底地壳及其组成;**海洋物理学**研究波浪、洋流和气候;**海洋生物学**研究海洋生物的特点和分布情况;**海洋化学**研究溶解在海洋中的气体和固体;**海洋工程学**则研究用于海洋内部及其表面的设计和结构施工。

如果从太空中俯瞰地球,它是一个近乎蓝色的海洋世界,可以算是一颗美丽的蓝色水球,与太阳系中的其他行星完全不同。由于我们的地球表面覆盖着如此多的水,所以人类始终被大海吸引着也就不足为奇了。但是,由于早期知识有限,直到20世纪,人类才获得了有关海洋的一些重要信息。由于深海又黑又冷,

水压巨大,加上花费巨大,所以科学家得联合起来进行国际协作,来开发用于海底勘探的深潜器,对复杂的海洋过程进行计算机建模和研发远程传感器,从而使海洋学有了显著的进展。

希腊哲学家早就认识到了海洋的重要性。公元前4世纪,亚里士多德(Aristotle,公元前384—前322年)认为,海洋的体积是恒定的,并没有变化。他还推测,地球上的降水总量大约与地球蒸发的水分总量相当。

公元2世纪,克劳迪亚斯·托勒密(Claudius Ptolemy,公元87—150年)提出了由纬线和经线构成的网格坐标系统。从那时起,绘制出准确的陆地和海洋的分布图才成为可能。

在文艺复兴时期,无数探险家想在海洋上航行,但是由于带有船员的大型船只的航行费用过于昂贵,所以一直没有成功。1872年由英国皇家学会资助的海洋航行,或许是出于科研目的的第一次真正的航行。英国皇家海军"挑战者"号在大海上航行了4年。这是一次跨学科、高标准的航程。船员们研究了海洋的所有方面:从海水温度到洋流,从海底采集的样本到海水中生活的海洋生物。

仅仅在这次航行的几年前,科学家们一直认为在海洋深处是不可能有生物存在的。这次航行的发现,涉及了海洋生命、洋流、水温、大洋中脊和许多其他的事物,报告洋洋洒洒,有50卷之多,直到航行结束的25年后才完成出版。在英国皇家海军"挑战者"号上的科学探险家的发现,为接下来的多年里的海洋研究提供了丰富的素材。

美国图表和仪器部是在1830年创建的,它的任务是帮助所有方面的航运,特别是绘制有关风和洋流的图表。美国海岸调查队于1807年成立,美国气象局于1870年成立,美国鱼类和渔业委员会成立于1871年。这些组织是现代的美国国家海洋和大气管理局的始祖。在

1912年"泰坦尼克"号沉没以后,国际冰情巡逻委员会成立了。这些组织中的多数之所以成立,是为了满足特定的需要,反过来,它们又帮助我们对海洋的了解日益加深。对极端天气的预报、对海洋资源的管理、绘制地图和保护海上的船只,都是十分必要的,因而成为海洋研究的第一要务。

第二次世界大战是数项海洋研究的刺激因素。**深海温度测量**项目之所以成立,是为了研究热量对在海水中传播的声波的影响。这项研究的启动是为了帮助追踪潜艇。同时,海底地形图的绘制使得潜艇可以避开水下的潜在危害而航行。两栖部队的登陆也需要详细了解沿海的潮汐情况。

虽然海洋对所有国家的船只总是开放和自由的,但是在船只究竟可以距离别国的海岸线多近这一问题上,各国政府早就有了相关规定。1635年,很多国家同意这个允许的距离是一个狭窄的5海里的领土区域。直到1974年联合国举行的海洋法会议,在这次会议上,禁区的边界从距离海岸线5海里扩展到距离海岸线20海里。此外,还提出了专属经济区的新概念。在海岸线到320千米的范围内都是该国的专属经济区。规定毗邻水体的国家享有在专属经济区内捕鱼和资源开发的权利。

海洋学的五大分支学科的研究领域

海洋地质学:研究地球上被海水覆盖的部分的地壳及其组成。

海洋物理学:研究波浪、水流和气候。

海洋生物学:研究海洋生物的性质和分布。

海洋化学:研究溶解在海洋中的气体和固体。

海洋工程学:研究在海洋里或海洋上的建筑结构的设计和建设。

许多世纪以来,海洋的研究都集中在战争策略、航运、渔业和经济资源上。现在,技术允许我们用科学的方法对海洋深处进行探索。我们不仅能够获悉海洋资源的丰富程度,也开始思考海洋怎样影响我们的生活,以及为了未来的可持续发展,我们该用什么方式来保护这些海洋资源。

世界上的海洋

快速浏览地球仪,你会发现,海洋和陆地在地球各地的分布并不均匀:南半球的水体分布范围明显比北半球的大,南半球的表面积中大约81%的表面是位于海洋;相比之下,北半球的水体面积占61%。基于这一信息,可以把南半球称为水半球,而北半球则可称为陆半球。

假如地球是一个表面光滑的完美的球体,那么地球上的海水深度将会超过2000米;但是由于地球表面粗糙,而且陆地的平均海拔超过800米,所以就形成了现在的海陆分布状况。

趣闻趣事:马里亚纳海沟坐落在太平洋上,在靠近日本的马里亚纳群岛的东部。它是地球海洋系统的最深部分——确实,是地球上最深的地方,在海平面下方11000米。这一海域的平均水深是3800米。

覆盖地球表面的是五大洋:太平洋、大西洋、印度洋、北冰洋和南大洋(如表6-1所示)。其中,太平洋是面积最大、平均深度最深的大洋,它拥有几乎一半的地球总水量,是大西洋和印度洋的水量总和。大西洋的范围从南极地区一直延伸到北极地区。北冰洋是地球上最北端的水体,也是面积最小的海洋,范围仅局限于北半球;同时,北冰洋也是五大洋中平均水深最浅的海洋。多年以来,人们一直以为地球上只有四大洋;但是在2000年的春天,国际航道测量组织认定了位于南极洲周围的南大洋。南大洋包括南纬60°以南的水域,其中一些水域就像北冰洋一样是结冰的。

表6-1　地球上的五大洋简况

海洋名称	面积/万平方千米	平均水深./米	最大水深处
太平洋	15 555.7	4 638	马里亚纳海沟(10 920米)
大西洋	7 676.2	3 926	波多黎各海沟(9 219米)
印度洋	6 855.6	3 963	爪哇海沟(7 455米)
南大洋	2 032.7	4 496	南桑得威治海沟南端(7 235米)
北冰洋	1 405.6	1 205	北冰洋洋盆(5 625米)

　　我们知道,大约70%的地球表面是被海洋所覆盖的。尽管每个海洋都有自己的名称,实际上,它们是连在一起的水体,或者说是全球性的海洋,它与许多的小水体相连。这些被陆地部分封闭起来的小水体就称为海,比如地中海、加勒比海、南中国海和安达曼海。一些其他的水域虽然被归为海洋,但其名称中却没有海字出现,而是冠之以湾,比如哈得逊湾和墨西哥湾。

　　盐度被用来测量海水的咸度,它是用1千克海水中溶解的物质总量来表示的。海水的盐度通常在3.5%以上。地球上97%的水体是咸水,因为海、湾与海洋相连,所以它们都是咸水。

地球上的海和湖

　　地球上的水体中仅3%是淡水,但是2%是被锁在冰川和冰盖中的冰,1%才是用来满足人类用来进行农业生产、居住、制造业、社区和个人的需求的。淡水水体包括大型的内陆湖泊,

比如在加拿大和美国交界处的五大湖流域,就占了世界淡水总量的25%,占了美国淡水供应总量的95%。

趣闻趣事:假如将五大湖流域的水全部倒出来,它能将整个美国大陆淹没3米。

　　跟海洋资源一样,湖泊也是相当重要的,因为它是大多数淡水的汇聚地,可以为人类提供饮用水、发电、灌溉和休闲区。很明显,仅五大湖的淡水就占了世界淡水总量的25%,由此可见,淡水不是均匀地分布在世界各地的,它们往往分布在高海拔地区和山区里。虽然湖泊通常都被认为是淡水水体,但有些湖泊却由于蒸发旺盛和高盐度水流的注入而成为咸水水体。伊朗北部的里海、以色列的死海和美国的大盐湖都是世界上最大和最知名的咸水湖。

世界上主要的海

南海	加勒比海
地中海	白令海
阿拉伯海	鄂霍次克海
日本海	东海
安达曼海	黑海
红海	墨西哥湾
哈得逊湾	

趣闻趣事:墨西哥湾和哈得逊湾虽然名为湾,实际上它们都是海。而死海,虽然名为海,实际上却是湖。

世界上最有名的湖

五大湖;

泰浩湖;

普拉西德湖;

奥基乔比湖;

死海;

亚洲的贝加尔湖:地球上最大的湖,占了世界淡水总量的五分之一,最大水深为1 600米。

海水的性质和组成

如果你到过海边,在海中游泳并不小心呛了一口水,那你就知道海水究竟有多咸了。虽然海水是由96.5%的水和3.5%的盐组成的,但是当你吞下海水时,你就知道这点盐是如何让人印象深刻的了。盐实际上是氯化钠(常见的食盐)加上少量的钾、镁、硫和钙(如图6.2所示)。这些元素大多数来自于岩石风化后的产物经水体搬运,长期积累的结果。

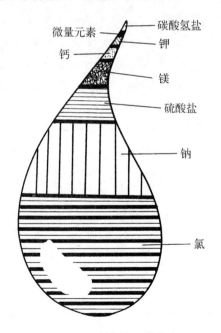

微量元素
碳酸氢盐
钾
钙
镁
硫酸盐
钠
氯

图6.2 海水的组成成分

趣闻趣事: 由于海水的盐度是在3.5%左右,如果海水完全干涸,形成的盐可以围绕赤道1周建起一座高290千米、厚1.5千米的盐墙。盐中的90%是氯化钠,也就是普通的食盐。

水是一种很特别的物质。与其他液体相比,水的沸点和冰点都不同寻常地高。这些特点是和水分子与其他分子的连接方式分不开的。水分子是由两个氢原子和一个氧原子结合而成的。极性分子,比如水分子,在氧原子的附近带有微弱的部分负电荷,而在氢原子附近则带有部分的正电荷,因此,当水分子靠得很近时,它们的正、负电荷会分别受相邻分子的相反电荷的吸引。这种吸引力的力量就叫做**氢键**。每一个水分子的氢键会与4个水分子的氢键相连接,与其他相同大小的分子相比,这就使得水可以在一个较大的范围里保持液体的形态。进一步来说,要将通过氢键连接紧密的水分子从液体转变成水蒸气,需要花费大量的能量才能完成。

水也是为数不多、可以很容易找到它的气态、液态和固态形式的物质。海水在低温时可以结冰,这时水分子会排成六边形的环状结构。当这些环状结构形成时,盐会从海水中析出。这就导致了在海冰里出现了咸水的结果,称为卤水。在较高的温度下,水会以水蒸气或气体的形式存在。水蒸气是由完全分开的水分子组成的,它们可以自由地四处移动,没有特定的形状和大小。

海水的主要成分是氯、钠、硫酸盐、镁、钙和钾,它们加在一起,占据了海水溶解物质中的99%。海水的盐度不会随着时间发生显著的变化。这是因为被带入大海中的盐、来自陆地岩石风化的产物、进入大海中的盐的数量,和被各种海水反应和水生生物消耗去的盐的数量大体相同,所以海水的盐度不会有大的变化。每年大约有40亿吨的盐循环而实现这一稳定状态的平衡。

你可能会想知道在这样咸的环境里,动物又是如何存活下来的。然而,盐水生物通常能将体内的盐度控制成与体外的海水盐度相同的浓度。如果这些动物被放入淡水中，渗透过程——水会从低盐度环境流向高盐度环境，从而使盐度相同——会使生物膨胀和死亡。同样，习惯于低盐环境（淡水）的动物如果进入高盐环境（海水），将遭遇一样的经历——它体内的所有水分都会从皮肤流出，它将萎缩和死亡。

水的盐度

水在不同的环境中，所含的盐度也不尽相同。海水的盐度通常只在 32‰～37‰ 的范围里波动，这取决于径流经、冰的形成和蒸发。淡水的盐度通常小于 0.5‰。如果你能测量出水体的盐度在百万分之几的数值的话，你就可以确定不同盐度的水。

- 淡水：盐度低于 $1\,000\times10^{-6}$；
- 略盐水：盐度在 $1\,000\sim3\,000\times10^{-6}$ 之间；
- 盐水：盐度在 $3\,000\sim10\,000\times10^{-6}$ 之间；
- 高矿化度水：盐度在 $10\,000\sim35\,000\times10^{-6}$ 之间。

海水的盐度大约是 $35\,000\times10^{-6}$ 或 3.5%（$35\,000/1\,000\,000=3.5\%$）。

大气层中的气体也会溶解在海水里。这些气体包括氮气、氧气和二氧化碳。它们在海洋里通过大气与海水接触面结合在一起，**海-气接触面**是海水最初与大气接触的地方。在这些气体中，最重要的当属二氧化碳了，它是生物过程（包括光合作用和海洋生物的外壳的产物）的重要成分。

一旦溶解，二氧化碳会以不同的形式出现：溶解气体、碳酸盐、碳酸氢盐离子或碳酸。其中最有趣的是碳酸盐。当碳酸盐与钙（贝壳生物）的产物结合时，其产物——二氧化碳会以气体

形式离开海洋。一旦贝壳生物死亡，它们的外壳会在海底沉积形成厚厚的碳酸钙沉积物——石灰岩。

在海水表面形成的众多泡沫，是由于海浪和风暴活动而成的，它为发生在空气和海洋中的交换过程提供了一种途径。海面上的气泡破裂时产生的海水水滴会进入空气中。风又及时地把海水水滴吹离原处。当这些海水水滴蒸发时，小的盐粒也会被释放到大气中。据估计，每年有超过 10 亿吨的盐是采用这种运送方式的。这些微小的盐粒很重要，因为它们可以作为雪花或雨滴形成时的核心。这些盐最终还是会回到大海。图 6.1 就显示了水分循环的过程。

一探究竟 6.1　如何确定海水的盐度

你可以用很简单的方式来计算盐度或海水中的盐分数量。将称过质量的海水倒在一个盘子里，静置几天，让海水自然蒸发。当水分全部蒸发完后，你会看到盘子里出现了许多沙子一般的盐粒。将盐粒的质量除以放入盘中的海水的质量，就可以得出海水的盐度了。

因为海水含有大约 $35\,000\times10^{-6}$ 的盐，你可以在 1 升的水里添加大约 35 克的盐，从而模拟制造出海水。如果水是热的，盐就会迅速溶解。当水分全部蒸发以后，你应该会得到大约 35 克的盐。

海洋的分层结构

根据所含海水的密度的不同，全球的海洋有垂直分层的特点（如图 6.3 所示）。温度和盐度是决定海水密度的主要控制因素：如果海水的温度下降，海水的密度就会加大；如果海水的

盐度增大,则海水的密度也会加大。这些因素一起作用,使海水在垂直方向上形成薄层水体。这些海水层都非常稳定,因为水体会自然地升降到合适的密度水平,较重较咸的水体沉在下方,而较轻的水体则浮在上方。海洋学家已经定义了海洋中3个主要的水层区:表面区、跃层区和深层区。

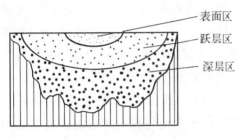

图 6.3　海洋的层状结构

离海面 100 米区域就是**表面区**。它在所有海洋层次中是密度最小的。由于表面区与大气相接触,风暴和太阳能加热造成海水大量混合。光可以穿透表面区,所以光合作用是可能的;也正是因为这一点,所有的海洋食品都来自表面区,虽然表面区只占了所有海洋的2%。

在表面区下方的稳定的水层被称为**跃层区**。在这一层,由于水深会引起盐度或温度的变化,所以海水的密度会随着水深的变化而产生显著的变化。在中纬度和低纬度地区的海水中,人们发现了密度跃层,它受温度和水深的控制。那些受温度变化而有显著变化的水层被称为**温跃层**。在高纬度和沿海地区,盐度往往是导致海水密度变化的主导因素。由于海水盐度不同而使海水层有明显变化的水层被称为**盐跃层**。

显然,最深的海洋水域,也就是我们所知道的**深区**,位于跃层区的下方,是一个黑暗、寒冷的地方。尽管在过去的100年中,海洋研究已经取得了巨大的进展,但是对深海的研究还需要更先进的技术才得以进行。在海洋里,海水的物理性质受水深的影响。水深每增加10米,

其压力就增加 101.325 千帕(1 个大气压)。在洋盆的最深处,承受的压力相当于海平面的1 000 倍以上。增大的压力会使水分子的流动减缓。水的黏度(阻止水流动的程度)随着水深的加大而下降。

水的压力本身并不是人能忍受的,它比寒冷和黑暗更为可怕。称为潜水器的小型潜艇现在允许人们(带着照相机、强大的光源、机械手和其他技术)来探索海面以下的区域。许多深海鱼类看上去像怪物一样,有着大大的眼睛、巨大的口和锋利的牙齿。鱼的体型都非常小,很难找到食物,所以它们的身体可能会不时地发光以吸引猎物。动物也集中在水温较高的地区,这是因为温水中的化学物质使得细菌、浮游生物可以大量繁殖,而这些细菌又常常被更大的生物比如鱼、蟹、虾、蛤蜊和巨大的红色管虫(最长有 3 米)吃掉。

海洋资源

对人类来说,海洋是一个无穷无尽的资源宝库。数千年来,人类一直不断地从海洋中捕获食物。但是现在,海洋资源的含义有了更大的扩展——矿物质、化石燃料和能源。

鱼类资源

每年,有超过 1 亿吨的鱼是从海洋中捕获的。据估计,这可能只是能从海洋中收获的理论最大产量的一半。所谓的理论上的最大产量是指从海中捕捞的鱼的实重(绝对质量),同时海中的鱼仍可以继续繁殖以弥补被捕捞的损失。这是一个平衡点,它意味着我们不能超过这一平衡点,如果我们的捕捞量超过这一平衡点,鱼类资源将会枯竭。现在大约海洋捕捞量的1/3是将海洋鱼类加工成鱼粉以供动物消费或制成肥料。鱼类是重要的可再生资源。大多数用于

消费的鱼类产品是在近岸环境中捕捞的。

人们发现,当鱼群处于稳定状态时,鱼的数量会达到最大值,也就是说,当鱼的数量既没有增大也没有减小。鱼群过于庞大的话,因为争夺食物和空间,鱼的数量会出现净减少。它会使接近成熟的幼鱼的数量增加。渔业努力获得所谓的最大可持续产量,也就是捕捞量是捕捞潜力总量的近70%。将捕捞量限制到70%,就使得鱼群有能力进行繁殖复苏。如果捕捞量超过总量的70%,那么随后的产量可能不会像以前那么好。捕捞必须考虑的另一个方面是个别物种的增长率。举个例子,一些海洋生物比如鲸鱼增长得非常缓慢,而其他物种比如凤尾鱼就增长快速。

以往的捕鱼往往是靠天吃饭。目前在"海洋牧场"方面取得了一些小进展。为了避免野生鱼群的不可控性,人们设想从产卵地将海洋动物的幼苗收集起来,然后将这些幼苗移到一个海洋控制区,在那里将这些幼苗饲养起来直到成熟、收获。在水产养殖或鱼类养殖领域,这一奇思异想已开始付诸实践了。

举个例子,将牡蛎从它们的自然产卵场所收集起来,然后把它们放到一个可控区域比如海湾处生长,直到收获。还有别的例子,比如将它们放入一个更容易控制的环境(比如围栏)中生长,在那里,饲养会受到限制。

石油和天然气资源

到目前为止,从海洋中获取的最宝贵的资源是石油和天然气。在大陆架或洋盆的浅缘地区,比如墨西哥湾、阿拉伯湾和北海,已被证明是盛产石油和天然气的地区。

经过漫长的时期,埋在海底沉积物中的有机物质会变成石油和天然气。这些沉积物只在特定的环境条件下产生。在有些区域,那里有数量有限的溶解氧和缓慢的底部水流,以**浮游植物**或进行**光合作用的植物**的主要形式出现的

有机质会在海底累积。在阳光的帮助下,这些植物通过光合作用将二氧化碳转化为有机物。在细菌分解后,在构造活动提供的热量作用下,有机物就会转化为石油和天然气。随着时间的推移,在上覆沉积物的重压下,石油会离开它的源地,并最终进入沙岩一类的多孔岩层。石油在其中累积,然后储存在不渗透的冠岩中。

近海的石油和天然气井提供了全世界17%的石油。浅海区域是最容易收获这些资源的地区,而深海钻探技术可以帮助我们在更深的区域开采出石油。

许多矿产资源也是从海底开采出来的。河流和冰川不断地将颗粒状的沉积物运送到海里。这些沉积物在大陆架累积,同时大颗粒的沉积物被冲向海岸,而碎石和沙粒则在海岸附近出现,同时淤泥和黏土沉积物则沉积在大陆架外缘和斜坡上。称为沙矿矿物质的沉积物也从河流奔向大海。由于这些矿物质包括铂、锡、钛氧化物和黄金比较重,所以会在靠近海岸的地方沉积下来。

在海洋出产的所有矿物中,沙和砾石的开采数量和吨位最大,它们是建筑施工必不可少的材料。在美国,开采的多数是离岸沙和砾石,这是为了填沙护滩和海岸恢复与保护——这是恢复侵蚀海岸线的公认技术。砾石、粗沙以及更细的沙子通常都位于大多数的大陆架上;但是粗砾石分布在离海岸近的地方,而细小的矿物则分布在大陆架的外缘和斜坡上。

在大洋深处或与之相连的洋脊里,由于火山活动产生了含矿丰富的水,所以常有其他矿物质在此被发现。与火山活动有关的矿物或**热液矿床**,包括锌、铅、铜、银、金。热液矿床通常形成于含矿丰富的水下通风口——即所谓的"烟囱"。从海水或**氢源矿床**中析出形成的矿物,包括磷灰岩、盐、重晶石、铁-锰结核,以及富含钴、铂、镍、铜和稀土元素的地壳。

海洋污染

海洋一直是地球上最宝贵的资源之一。然而，我们已经越来越意识到污染的危害。我们在很多方面都离不开海洋，比如食品、能源、建筑材料和娱乐。如果我们不保护这些水域，潜在的灾难性的后果就在所难免。

当工业废物和城市垃圾排入大海后，就威胁到了海洋那脆弱的生态平衡。石油泄露、化工泄漏或溢出和污水处理，已经在某些地区造成了毁灭性的影响。我们还必须注意到杀虫剂和农药、地表水中含量在不断上升的铅、从发电厂排出的热水，都对海洋鱼类和鸟类产生了巨大的影响。

虽然海洋资源很丰富，但我们知道它们不是无极限的；人们越来越关注人类的增长和发展对海洋的影响，尤其是在沿海地区。

小　结

地球上的海洋是花了数百万年的时间才形成的。它们可能是在地球冷却时形成的，悬浮在大气中的水蒸气冷凝后形成降水落到地面，在低洼地区聚积成海。另一种理论认为，由于含冰的彗星撞击地球，带来了大量的水，从而形成了今天的海洋。

海洋学是一门相当新的科学，因为大多数早期航海探索的目的是发现新大陆、良好的渔场或新的贸易航线。现在人们知道了海洋不仅是迷人的，而且还能提供大量的资源，人们愿意花费时间、金钱和精力去学习更多关于海洋的知识。

事实上，海洋占了地球很大的一部分，它覆盖了大约70％的地球表面。海洋的平均水深为大约3 800米。地球上有五大洋：太平洋、大西洋、印度洋、北冰洋和南大洋，总水量大约4.8亿立方千米。

海水是咸的，这是显而易见的，你只要舔一下海水就知道了。这是海水跟淡水的显著区别。淡水包括山涧泉水、内陆湖水和江河水。另一个显著区别就是海洋的体量比淡水水体要大得多，拥有丰富多样的资源。

海洋的独特属性，海水的特性与组成以及海水的分层，都使海洋变得更为复杂。海洋里的水是分层的，这取决于海水的密度。海水的温度和盐度都会影响海水的密度大小。海水的深度不同，相应有不同的资源、盐度和黏度。

鱼类是海洋最为重要的资源之一。每年会有1亿多吨的水产品被捕捞上岸，其中大约1/3被加工成鱼粉，成为动物的消费品或肥料。

石油和天然气也是重要的自然资源。它们主要发现于大陆架上或洋盆的浅缘，但新技术可能使人类也可以在更深的区域开采石油、天然气和硫黄。

在海洋物质开采中，沙和砾石是开采量最大的。它们主要用于工程建设，为海岸地区填沙补滩。

在海洋中发现的其他矿物包括锌、铅、铜、金、银、磷灰岩、盐、重晶石和铁-锰结核；在洋壳中也发现有丰富的钴、铂、镍、铜和稀土元素。

显然海洋是我们最宝贵的自然资源，人们日益认识到保护海洋的必要性。工业和城市垃圾已经威胁到了许多海岸线，过度捕捞使某些海洋动物迅速减少，农药和杀虫剂影响到了众多的海洋生命，发电厂排放的热水处理等都成了人们关注的海洋环境问题。

海　底

关 键 词

深海平原,大陆边缘,大陆架,大陆坡,大
陆断裂,大陆隆,浊流,深海山,大洋中脊,
扩散中心,海沟,岛弧,平顶山

海底景观

虽然我们无法直接看到海底,但是现代海
洋科考已经向我们展现出一幅幅多姿多彩、趣
味盎然的海底景观。如果我们从太空中俯瞰地
球,就能看到地球有相当大的部分是被水体覆
盖的,是一颗美丽的蓝色"水球"。从人类最初
开始探索海底深处到现在,已过去了几个世纪。
第六章回顾了关于海洋的早期看法,以及近代
人类探索海洋的细节。就技术而言,人类直到
几十年前,才做好了去探索海洋深处的准备。

其原因之一,由于在水下越往深处,几乎是
漆黑一片,所以海洋探索花了这么长的时间才
有所进展,也就不足为奇了。在水深 1 米处,大
约 60% 的可见光被海水吸收了;在水深约 9 米
处,大约 80% 的可见光都不见了;即使在非常
清澈的水里,到水深 45 米处,也只能见到一丝
微弱的光线。一旦没有了阳光,也就没有了热
量,随着水深加大,水下就变得越来越黑、越来
越冷。此外,海水的质量,加上海面上方空气的
质量,形成了巨大的水压,而且水深越大,水压
越高。事实是,在水下大约 1 千米处的水压就
像我们平常将生蛋轻轻压碎一般,能轻而易举

地将人粉身碎骨。在太平洋的马里亚纳海沟的
底部,每平方米海底承受的质量是 1.25 吨;换
句话说,就像一个人要举起 50 架巨型喷气式
客机。

早期的潜水

1837 年,人类发明了第一件潜水服,潜水
员通过水面上方的一个装置穿上潜水服,然后
再将空气注入潜水服中。现代独立的水下呼吸
设备使得潜水员在水下任何时候都可以吸到氧
气,这产生了一个更高效的手段来探索海洋。
第一个水肺是 20 世纪 40 年代发明的。

早期的深海潜水员也曾遭受了一个致命
的障碍称为减压病。如果潜水员从水下往上
浮得太快,由于压力迅速减小,会使氮气在他
们的血液中形成气泡从而阻碍血液的流动。
随着减压舱这种现代技术的发明,这个问题已
得到解决。

先进的技术,如小型潜水器(能够操作或潜
在水下的船只)的出现,使得探险家在近些年来
可以潜入海洋更深处。就跟太空一样,我们的
海洋也是当前最引人入胜的前沿。通过使用潜
水器,从事研究的科学家可以使用仪器来测量、
记录和收集潜水器周边的水、植物和动物的样
本。潜水器只能潜入水深大约 4 000 米的地
方,但是这已足以使人们探索研究海底火山、热
水喷口和众多的海洋生物。

为了更好地理解潜艇究竟是如何工作的,你可以自制一只"潜艇"。在一只空的塑料瓶的一侧戳出3个孔。在这3个孔的附近放上几枚硬币作为负重。用黏土将一根塑胶管黏在瓶口里,然后将瓶子放入一盆水中。当水通过那3个孔进入瓶中时,硬币会使瓶子沉入盆底。

接下来,通过塑胶管的另一端往瓶子里吹气。由于空气的作用,会使瓶子里的水从孔中流出,你的潜艇会变轻和上浮。这虽然是一个简单的实验,但它能给你示范真正的潜艇是如何工作的。

海底最容易接近和探索的区域就是离大陆边缘最近的海底。因为在远离陆地进入更深海域的地方往往会有一道缓坡,所以入海的沉积物会在大陆边缘或大陆架上沉积覆盖。

当你进入更深的水下时,海底就变成了**深海平原**——地球表面最平的地理单元。蜿蜒曲折的大洋中脊有时也会穿过平坦的深海平原。在靠近构造活动汇聚板块边界的地方,你会发现海洋中最深的水域——海沟。在这里,在海底,您可能会看到耸立的被称为海底山脉的火山链。那些山峰高出水面的部分就形成了岛链。一旦人类能到达海底并开始研究海底,海底就会成为一个能告知地球很多信息的令人激动的来源地。

大陆边缘

大陆边缘是陆块与洋底相遇的区域,它是由大陆架、大陆坡、大陆隆构成的。大陆边缘分为两种类型——被动大陆边缘和主动大陆边缘。被动大陆边缘的特点是构造活动极少,换句话说,就是没有板块张裂或俯冲发生。北美洲的东海岸就是被动大陆边缘的一个很好的例子。由于侵蚀作用,海底的地形起伏已经减缓,沉积物沿着海岸线积累成堆,这导致了往海洋深处的斜坡是缓缓渐进的。在最靠近海岸的地方,海底与大陆边缘几乎紧密相连。

在北美西海岸,我们找到了活跃大陆边缘的一个例子。它有时被称为大陆的"前沿",因为它正好处于大陆地壳与大洋板块相撞的区域,也就是北美板块和太平洋板块相碰撞的区域。

在这些活动大陆边缘,存在着构造活动,这里的岩层粗糙,有广泛的造山运动和地震活动。这样的情况发生在陆地上,就导致河流的长度有些短,注入海洋的沉积物沉积厚度薄。

无论是活动大陆边缘还是被动大陆边缘,大陆边缘可以分为4个部分:

- 大陆架;
- 大陆坡;
- 大陆隆;
- 海底峡谷。

大陆架是大陆淹没在海水中的部分(如图7.1所示)。它的平均宽度通常约70千米。在所有大陆的沿海地区,由于这里的海水相对较浅,所以大陆架广为分布。大陆架的平均水深约为60米。

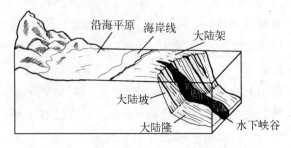

图7.1　大陆架、大陆坡、大陆隆和水下峡谷

大陆架不是平的;它们以非常小的倾角——通常每延伸1千米下倾不超过10米——倾斜伸向大海。它们的表面通常比较平滑,缀有一些轻微起伏的小山。一些猛烈的风暴激起近岸沉积物,经常在与海岸平行的地方形成沉积物岭。这些山岭的厚度最大可达 10 米。

离海岸线越远,海水深度也就明显增大,海底也就越陡峭;最终,到了大陆坡。从陆地冲刷进入海洋的沉积物,经过极为漫长的时间的积累,就形成了大陆坡。大陆坡的坡度大幅增大,也就是在很短的距离内,水深显著增大。例如,常常可以发现大陆坡水平延伸才几千米,水深就增大了几千米。

陆壳和洋壳的边界也位于大陆坡的底部上,当大陆坡与活动板块边界接触时,坡度就会变得特别的陡峭。大陆坡的坡度范围在 $1 \sim 10°$ 之间,平均坡度大约在 $4°$。

大陆坡几乎总是覆盖着厚厚的沉积物。如果在陡峭的斜坡上的沉积物变得太厚的话,沉积物会下坠在坡面上形成一道匙形疤痕。大陆坡上的断层也会形成盆地,经过相当长的一段时间后,也会有沉积物在此沉积。在这种盆地里能发现的一种重要的资源就是石油。在第六章中我们曾提及,海洋中的有机物在细菌分解后,在构造活动提供的热量作用下,经过漫长的地质时期,这些有机物会转化为石油和天然气。

在被动大陆边缘的最底部,能发现所谓的**大陆隆**。在大陆隆区域,远离大陆的沉积物在此沉积并形成温和的楔形物或隆起。斜坡并不陡,坡度从不超过 $1°$。大陆隆就像一层毯子覆盖着从陆地向洋盆过渡的区域。一些小矮丘点缀在大陆隆上,它们可能是由那些从大陆坡上坠落的沉积物形成的。

也有人认为,是某种类型的洋流带来了构成大陆隆的所有沉积物。这种洋流被称为**浊流**。当大陆架和大陆坡上的沙和泥脱落成为悬浮物时,就形成了装载着沉积物的向坡下运动的高密度水流,就是浊流。当沉积物散布在洋底时,它的速度降为零,并在洋流以外的区域沉积。沉积物的厚度最终可以达到几千米厚。

除浊流外,湍流可以冲刷走松散的沉积物,形成**海底峡谷**——其效果相当于海底的通道。陆地河流的河水(想象一下美国源自五大湖的圣劳伦斯航道水域的水)流入大海,与大陆边缘互相作用,形成了许多海底深切峡谷。这些洋流不仅能深切峡谷。它们还能把沉积物运送到洋底深处。

当海平面更低时,或是在浊流的作用下,在大陆架的外侧、大陆坡和大陆隆处形成的深切峡谷向海扩展时,就形成了海底峡谷。这些峡谷可能很深,而且发现总是以一个角度垂直于海岸线。它们呈 V 字形,通常有一些小支流与之相连。其中一些峡谷的规模甚至可与美国的科罗拉多大峡谷相媲美。科罗拉多大峡谷是由科罗拉多河深切而成的。想象一下海底峡谷跟美国的科罗拉多大峡谷一样的壮观宏伟,令人印象深刻,你就知道水流的力量是有多大了——它既能雕刻地球的表面,也能在海底作用形成峡谷。

洋盆底部

在地球上的沉积物覆盖的玄武岩地壳中,超过半数的部分都分布在海洋下方。这些地区是地球上最平坦的区域,被称为"深海平原"。它们通常位于大陆隆的脚下,是深海中的一片平坦区域。这些深海平原是如此之平,以至于水平延伸 1 000 米,水深仅下降不到 1 米,水深变化幅度极小。人们发现深海平原是从大陆边缘的边界延伸至海洋宽阔处。这些平坦的深海平原是由大量积累的沉积物——在某些情况下超过 5 千米厚——将玄武岩的洋壳覆盖住。

人们发现,小丘或**深海山**是间歇性分布在深海平原上的。它们的平均高度大约 200 米,从数量上看,它们是地球上分布最广泛的海底地形单元。太平洋海底的近 80% 区域都是由深海山所覆盖的。据说这些山是海底火山的残余物或是海底覆盖的沉积物上突起的隆起。这样的海底山既可以孤立存在,也可以以链状成群分布在洋脊埋藏的位置上。

深海平原在大西洋洋底的分布比在太平洋洋底的分布更为普遍。这可能是海沟沿着太平洋盆地分布的结果,它们的作用是在沉积物远离海岸之前就将沉积物吸附沉积下来。

大洋中脊

分布在洋盆上的一系列山脊被称为**大洋中脊**。在所有的主要洋盆底部分布的连绵不断的山脊就是大洋中脊,其宽度从 480～4 800 千米不等。在大洋中脊顶部的裂口代表拉张型板块边界。大洋中脊的平均高度在 1～3 千米,在新的大洋板块物质生成的断裂区,与大洋中脊的起源地相连。

水下熔岩流积累,会在洋底的中部形成大洋中脊。在洋壳上沿着山脊的中心是一个非常狭窄的山谷或裂谷。因为海洋中的玄武岩新地壳就是从这里诞生并向外扩展,所以大洋中脊也常被称为海底**扩散中心**。

大西洋中脊沿着整个大西洋盆地从北到南地分布(如图 7.2 所示)。转换断层分布在大西洋中脊的两侧。这些都是断层,它们与扩散中心相垂直,是涌升的岩浆沿楔形路径上升到地壳表面使地壳张裂的结果。

离大洋中脊的中心越远,洋底的岩石年龄就越老,而且由于沉积物的覆盖会逐渐失去原本崎岖起伏的模样。随着时间的推移,在离断裂区足够远的距离,大洋中脊会与深海平原和山丘一起消融得让人几乎察觉不到。

海 沟

在板块发生碰撞的地方,常常会发现**海沟**。海沟也是海洋中水深最大的地方。当一个板块在另一个板块的下方发生俯冲或推动作用时,在洋底通常会形成一个有特色的弧形洼地。海沟之所以是弧形的,是因为地球的球体外形,加上板块之间沿着挤压型板块边界的互相作用。

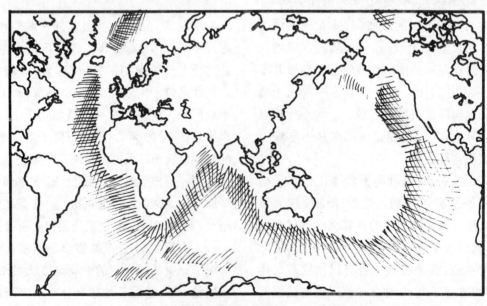

图 7.2　大西洋中脊分布示意图

沿着俯冲带分布的熔岩和沉积物也会产生弧形带状的火山群岛称为**岛弧**。

西太平洋最深的水域是挑战者深渊，这个名字考虑到马里亚纳海沟的最深部分。阿留申群岛，从太平洋的北部一直延伸到阿拉斯加，是与一条深海沟相连的岛弧的一部分。或许日本群岛就是最著名的海沟—岛弧系统的一个例子。日本的岛屿由于火山和构造活动（尤其是地震）活跃而举世闻名。日本海，位于日本群岛和亚洲大陆之间，就处在日本海沟的上方。

关于水下火山裂缝或出口的有趣的方面是它们能从冰冷的海水中溢出温泉。位于加拉帕戈斯群岛附近海域海面下方约2千米的一个火山口，被发现竟然充满生命。科学家发现，细菌和海洋动物能从火山口中的含硫气体和矿物质中获取能量。在火山口这种生命本不可能在此延续的地方，竟然能为一些生物提供营养物质，确实让人大开眼界。

海底山

散布在洋盆底部的是一些孤立的山峰和链状山脉，它们称为**海底山**。这些山都是源于火山，高出海底超过1千米，有的甚至还能露出海平面，形成岛屿。如果海底山很老的话，经过强烈侵蚀，位于水下，它就被称为**平顶山**。

或许最著名的海底山的例子就是组成夏威夷群岛的岛链了。夏威夷群岛与更老的皇帝海山链相连。奇怪的是，这些山脊横穿海底，并未与任何的板块边界相连。事实上，它们位于太平洋板块的中央。火山链是太平洋板块滑过一个静止不动的、根深蒂固的热点时而产生的。

趣闻趣事： 位于太平洋下方的基亚山，距离海底有10千米。这使得它比陆地上的最高峰——珠穆朗玛峰还要高2 000米。

海底沉积物

随着河流注入海洋，显而易见的是河流挟带的物质会相应地在海洋中沉积下来，所以入海口往往是沉积物最多的地方。还有一些沉积物会在海底沉积下来。与大河的入海口相比，在海底的沉积过程往往是更缓慢、更不易察觉的。

陆源沉积物

当大江大河汇入大海时，你会发现陆源沉积物中颗粒大的物质——砾石、小块岩石、沙子和一些火山灰。离陆地越近，沉积物的颗粒越大；而更细的沉积物则被冲刷进更远的海里。

软 泥

由植物碎屑、外壳、牙齿和骨头构成的物质被称为**软泥**，这种物质覆盖了深海海底面积的一半。微小的海洋腹足类动物的外壳、称为**有孔虫**的单细胞动物和叫做**球石藻**的单细胞植物的硬质残余物都构成了软泥中的外壳部分。因为海洋的最深处含有更高浓度的二氧化碳（动物呼出的气体），这种气体和水结合，会生成一种能溶解贝壳的弱酸。因此，在海底更深的地方更不容易发现软泥。

一探究竟7.2 沉积物是如何沉积的

为了更好地了解沉积物是如何分布的，将容积为1升的罐子装满水。然后倒入一把粗砾、沙和粉黏土。将混合物搅匀。静置一小段时间，以便物质沉淀。然后你会看到粗砾先沉入水底，然后是沙子，最后才是黏土沉积在瓶底。

显然,沿着海岸线分布的沉积物比海底深处的沉积物更醒目。在海洋的更深的部分,沉积物仅以每千年才累积 0.5~1 厘米的速度增长;但是,亚洲的恒河、长江、黄河和雅鲁藏布江,每年提供的陆源沉积物占世界陆源沉积物总量的 1/4 以上。

海底沉积物之所以是科学研究的重要组成部分,是因为它代表着大约 1.75 亿年的地球历史。通过研究沉积物的层次,可以给我们提供很多有价值的信息,比如上亿年来,地球是如何通过冰川运动、火山喷发和海平面变化而发生变化的。跟在陆地上开展的研究一样,海底沉积物样品能帮助我们了解地球是如何从早期演变至今的。

小 结

虽然地球的大部分区域是被水覆盖着的,人类花了几个世纪才摸索出对深海进行探索的必要技术。海洋深处又冷又黑,加上巨大的水压,这些问题都构成技术挑战。现在,探险家能够探索大部分的海底区域,所以不断有新的发现涌现出来。

海底的大陆边缘有两种类型:主动大陆边缘和被动大陆边缘。在被动大陆边缘,构造活动很少,比如北美洲的东海岸。北美洲的西海岸则是主动大陆边缘的一个好例子,那里的大陆的"前沿"会与大洋板块相碰撞。

所有的大陆边缘都有 4 个组成部分:大陆架、大陆坡、大陆隆和海底峡谷。

大陆架是大陆的陆地淹没在海水中的部分。当陆地开始下斜进入海洋时,它被称为大陆架。陆地与古海岸线分开的地方就是大陆分界线。在冰河时代鼎盛时,古海岸线就是当时的海岸线。

最终,我们到达大陆坡,它是大幅下降到海洋深处的区域。它的这个特性是由沉积物积累形成的沉积层经过一段时间而形成的。在被动大陆边缘,沉积物会下滑坠落,形成大陆隆或缓坡,将大陆向洋盆过渡的区域覆盖。

浊流是富含悬浮泥沙的高密度水流。大陆隆中的沉积物的大部分都是由浊流带来的。海底世界的另一个重要特点是海底峡谷,它可能也是由浊流深切而成的。

洋盆的底部是覆盖着沉积物的玄武岩地壳。这里是地球最平坦的部分,被称为深海平原。小丘或深海山散落在深海平原上,它们可能是火山的残留,或突出于沉积层之上的山脊。在所有的主要洋盆底部还有大洋中脊或绵延起伏的山脊。在这些山脊顶部的裂痕,表明拉张型的板块边界。在那些板块发生碰撞的地方,就会出现海沟。在这里,一个板块会俯冲或推到另一板块的下方,形成弧形的洼地。沿着俯冲带分布的熔岩和沉积物也能形成带状的火山群岛,称为岛弧。

海底山,我们曾在火山作用的部分讨论过,它们是一些孤立的山体和链状的山脉,都是由火山发源而来的。位于水面下方的古老的侵蚀海底山叫做平顶山。

海洋沉积物有两种来源:陆源沉积物和软泥。陆源沉积物可能是从江河流入海洋的,向海扩散并缓慢地在海洋深处沉积下来的物质。软泥由植物碎屑、外壳、牙齿和骨头构成,它覆盖了深海海底面积的一半。在不同的位置,沉积物以不同的速度沉降积累,这取决于环境的情况。显而易见的是,通过研究沉积物中不同的层,科学家们能够从中找到一些关于地球历史的最重要的信息。

海 岸 线

关 键 词

海滩漂移,边界流,连岛沙洲,后滨,海滩,
近海,离岸,河口,钙质,环礁群岛,海蚀
崖,海拱,海栈,鼠蹊部,下沉海岸,上升海
岸,古海岸

海岸线的特点

海岸线是一个动态的区域——无时无刻不在
变化,但是仍然保留着一些容易识别的特征。对
于大多数人来说,恐怕最熟悉的就是海滩了,它是
沉积物对着**水-陆交界处**(海岸与大海的边界)沉
积的地方。与第六章中介绍过的海-气交界面一
样,这里是陆地与海洋交汇的地方,潮汐沿着倾斜
的海滩涨退,或是猛烈地拍打着礁石。对许多人
来说,这是一个充满着欢乐的地方——阳光、沙
滩、海浪,以及嬉戏的人们,永远是一幅美丽的风景
画。从许多其他方面来说,海岸是探索的港口,在这
里,大海与陆地相连,能发现丰富的海洋生物。

海岸线为野生动物提供了众多的栖息地,
它也向人们展示了海洋作用在陆地上的力量。
在这一章,我们将探讨海岸线的许多特性,以及
它们是如何继续进化和改变地球表面的。

沙和海滩

海滩是沉积物沿着**海岸线**沉积而成的,它

是海陆相交的边界。对许多人来说,沙滩只是
休闲度假时的沙质的宽阔区域,其实并不仅仅
如此。海滩是动态的——沙子总是在不停地运
动中,相应地,沙滩也是一直在动态变化的。在
海滩边,你可以很清楚地看出海滩的动态变化
特点,就是你看到海浪每一次的前涨和后退,都
有沙粒随波移动。虽然海滩的其余部分好像不
受波浪运动的影响,但是特别高的潮汐或波浪
会影响到整个海滩,甚至一场大风暴就会使海
滩面目全非。

海滩通常被称为"沙的河流"。海滩上的沙
子或别的沉积物,沙通常以曲折的方式——即
所谓的**海滩漂移**——移动。这是因为波浪以一
定的角度与海滩相交,波浪就会以某种相对角
度将沙粒推向海滩。但是,当波浪中的水流流
速放缓冲向海洋时,沙粒则会以垂直于海滩的
方向做直线运动。在这种曲折运动的过程中,
沙子或沉积物的颗粒既可以沉积下来(如图8.1
所示),它们也可以在一天内被搬运到数百米甚
至数千米远的大海深处。

在波浪以倾斜角度冲向海滩的地方,洋流
的运动方向则会与海岸平行。这被称为**边界
流**。由于这些洋流发生在拍岸浪带,海浪区也
就是**紊流区**,在这一区域,波浪冲到岸边,颗粒
细的泥沙会悬浮在水中,而颗粒较粗的泥沙则
被推动或翻滚到下方。这个过程可以产生细长
的沙脊,即**岬角**,它从陆地延伸到大海。这些岬
角可能形成将海湾与广阔的海洋完全隔开的沙
坝。有时,这些沙脊会形成连岛沙洲或沙坝,从
而将大陆与岛屿相连。

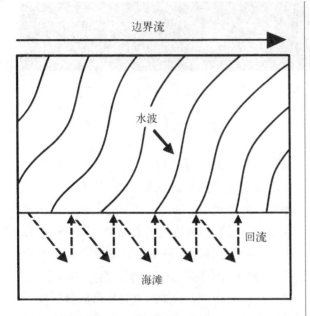

图 8.1　海滩漂流和边界流

沙质海滩

如果海滩是由沙子组成的,这些沙粒通常来自大陆的岩石风化物。沙子通常是由石英这种矿物构成的。这些海滩经常有纯净的石英沙,可以开采后熔化加工成玻璃。

夏威夷群岛的有些海滩,沙子不是石英,相反,它主要是由风化的暗色玄武岩熔岩(细粒度的岩浆岩)和黑色的玻璃火山沙构成的。这些海滩有一种独特的黑色。在夏威夷的其他海滩,以及其他热带海滩上,那些沙粒其实是由海洋生物的破碎的外壳以及像石灰岩之类的碳酸盐岩组成的。这些海滩的颜色是非常明亮的白色或粉红色,如果混合的沉积物中有红色外壳的生物,就会形成粉色的海滩。

一个压得很紧实的沙滩是便于人们行走在其上的,有些沙滩甚至紧实得可以让小车在上面驶过。这种类型的海滩往往面向大海有一个不超过 $3°$ 的缓坡。这种缓坡使得沙粒的沉积得很密实,从而提供了一种类似固体的表面,使人们可以在上面行走。

基岩海岸

当波浪和洋流活动很强烈时,较小的沙粒无法在海滩环境中沉积下来。在这种水流运动强烈的环境中的海滩是由粗砾组成的,有时甚至是由较大的鹅卵石构成的。如果波浪活动强到使所有的沙粒物质悬浮并移动开来,那么海滩就会完全是由沙子和砾石混合而成。由于砾石海滩是比较松散的,在这种海滩上,你无法像在紧实的沙滩上那样轻松地散步或是驱车。

当海滩沉积物的大小增大时,海滩的坡度也会随之增大。比如,由卵石大小的颗粒构成的海滩的平均坡度大约是 $15°$,而那些由更大的鹅卵石大小的颗粒构成的海滩,其平均坡度接近 $25°$ 。越陡的斜坡,对波浪活动的影响也更大,也使得波浪能冲刷带走大鹅卵石或卵石大小的颗粒。这个过程又加大了海滩的坡度,而且海滩上的沙子也不像原先那么紧实了,所以在这种海滩上散步或驱车也就变得越发的困难了。

任何一个海滩,它的坡度都会随着穿过海岸线的洋流和波浪强度而发生相应的变化。强度大的洋流和波浪会将较小的沙粒移走,从而导致了海滩的坡度变得越发的陡峭。

海滩的四个分区

在水和沉积物相互作用的基础上,可以将海滩细分成四个区域:后滨、前滨、近滨和外滨(如图 8.2 所示)。**后滨**是海滩上离海最远的那一部分,它是高潮线以上的陆上地带,大部分时间是干的,仅在特大高潮或暴风浪时才被海水浸淹,又称为潮上带。如果你不想被涨潮干扰,不想不时地惊呼"浪来了"而不得不转移你的野餐毯子的话,那么后滨就是最理想的地方。**前滨**也常被称为潮间带,是位于高潮和低潮之间的地带。每天潮水在前滨这一区域振荡:前滨在高潮时被海水淹没,而在低潮时露出水面。这一地带,也正是小孩们施展他们的沙铲、沙桶等沙滩玩具的乐园,因为这里的沙子是湿的,十分适合挖地道、盖城堡等游戏,此外,这里也是孩子们赤足捡拾贝壳的场所。前滨再往海的方向就是**近滨**,它是波浪在此开始堆叠和消散的地带。在很多海滩,你都会看到人们站在浪花时涨时退的路上,尽情享受着清凉海水的冲刷和洗涤。再往海里,在浪花的后面,则是**外滨**。沉积物会在外滨累积。这里离陆地可有些远了,你得划一只小船才能到达,你仍能在此看到海岸,但这里已超出了拍岸浪带和浪花区。

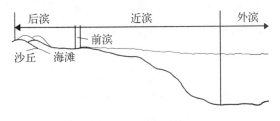

图 8.2　海岸带的划分

海岸线环境

在大多数的沿海地区,人们发现海岸线环境以这样或那样的程度带来了很多独具特色的特征。这些特点可能包括盐沼、三角洲、堰洲岛、礁石和环礁。

沿海地区的特征之一是盐沼。**盐沼**被定义为平坦的沿海湿地生态系统,在某些时段通常在高潮时是淹没在海水下的。这些区域较少受波浪作用,并且有大量的耐盐植物生长。要形成一大片沼泽,必须有大量的沉积物在此沉积。这些沉积物通常是由沙子和淤泥混合而成的。

盐沼沉积物的顶端部分称为潮滩。这是盐沼的一部分,它在低潮时露出水面,而在高潮时被淹没。盐沼中分布着蜿蜒曲折的蛇形通道,它们在高潮时成为洪水出入的渠道。

盐沼通常不适合作为建筑用地或用于其他人为目的,但它们生长着丰富的植物,是动物的

栖息地。由于人们要穿过盐沼可谓步履维艰,不易通行,所以盐沼也成了重要的野生动物海岸保护区。

在河流带来了大量的泥沙汇入海洋的地方,往往会形成一个伸向海洋的三角洲。**三角洲**——我们在第四章曾经讨论过河水的力量和汇入大海的河流——是在与海岸交会的入海口由沉积物积累而成的扇形区域。并非所有的河流和小溪都会形成三角洲。潮汐和波浪的作用会将来自河流的沉积物分散到附近的海滩或更远的位于大陆架上的外滨上。只有当沉积物负荷过大以至于海岸过程无法从入海口处将其重新分布时,才会形成三角洲。

海水搬运河流泥沙的能力大小受下面几个因素的影响:潮汐的范围、潮流的强度、波浪与沿岸的互相作用,以及边界流的大小。

当河口的泥沙开始淤积时,也就是三角洲的形成之初。河口是一个部分封闭的区域,它在高潮时充满了海水,通常位于河流末端与大海交汇的地方。位于美国的弗吉尼亚州东部海岸的切萨皮克湾就是河口或淹没河谷的一个典型例子。淡水从波托马克河、拉帕汉诺克河、帕克莫克河以及詹姆斯河涌入切萨皮克湾,而在高潮时,来自海洋的咸水则涌入切萨皮克湾。因此河口就成了咸海水和淡水交汇的混合区。

河口的另一个例子是缅因州海岸,特别是在该地区的阿卡迪亚国家公园,在冰河期以后海平面上升时,那里的陆地被淹没,成为不规则的淹没的海岸线。河口将汇向海洋的泥沙沉积物拦截下来,也就是说在三角洲形成之前,河水中的泥沙含量很大,泥沙供给充足,容易在河口沉积下来。由于河口是陆地与海洋,淡水与咸水过渡的地区,这里往往也就成了野生动植物的重要保护区。在这里,它们既不会完全受到海洋作用的影响,又可以享受自由通向海洋的好处。

虽然泥沙堆积在河口,形成三角洲,但河水

最终还是汇入海洋。河水会通过所谓的支流越过日益增长的三角洲,汇入大海。三角洲的形状是侵蚀速率与泥沙淤积速率对比作用的产物。圆形的三角洲表明侵蚀作用占据主导地位。而鸟爪形三角洲则是在潮流作用微弱,沿岸的海流和波浪作用也很微弱的河口区,河流挟沙量较高并分成几股汊河入海,各汊河口泥沙迅速堆积构成向海伸出较长的沙咀,平面形态很像鸟爪。它是泥沙沉积作用占主导地位的产物,以美国的密西西比河三角洲最为典型。

在一些离岸 3~30 千米的海里,经常会发现一些平行于海岸线的堰洲岛。泥沙沉积物的累积,形成了这些细长的**堰洲岛**,它们是由低的沙脊构成的,可长达 30 千米、宽达 5 千米。它们的海拔高度通常不超过 10 米。由于海水的侵蚀作用,一些陆块慢慢从海岸脱离陆地,于是就形成了堰洲岛。另外,可能是由于冰川广泛消融或是在最后的冰河时期,海平面上升后,淹没了部分陆地,就形成了堰洲岛。

在热带地区,海洋植物和含钙动物(体内含有碳酸钙、钙或石灰岩),会沿着海岸形成珊瑚礁。珊瑚礁是由石灰岩和称为珊瑚虫的无脊椎动物构成的巨大结构。珊瑚虫跟水母和海葵同属腔肠动物,多群居生活。当珊瑚虫死后,其石灰石的"骨骼"仍然保留下来,帮助构建屏障和山脊,从而形成珊瑚礁。这意味着珊瑚礁是由活着的珊瑚虫以及珊瑚虫死后的残骸构成的。

对珊瑚礁也有贡献的其他植物和动物包括海藻、海草和软体动物。珊瑚礁是由这些能分泌钙质碳酸盐的生物躯体经过漫长的时间才积累而成的。这些藻类的作用是将珊瑚礁连在一起。没有这些具有共生关系的藻类,也就不可能有珊瑚礁的存在。藻类既能给珊瑚虫提供食物,还能帮助它们构建石灰石骨骼。尽管还有一些别的生物能在珊瑚礁里繁殖生长,但珊瑚礁的基本结构和绚丽多彩的颜色还是由珊瑚虫和其残骸提供的。

珊瑚礁一般出现在热带和亚热带气候地区,因为在这些地区,海水的年平均温度都高于 20℃。珊瑚礁结构只生长在浅海区,因为这里有充足的阳光和丰富的微生物养料。即使海底随着时间下沉,组成礁体的生物也会向着水面生长,从而使礁体结构始终保持在浅水区。跟别的植物一样,藻类和水草需要阳光生存,所以珊瑚礁只生长在阳光能照射到的浅水区。

珊瑚礁的生长极其缓慢,大约以 1 000 年增长 1 米的速度生长。珊瑚礁就像一座美丽的水下花园,虽然绚丽多彩,但却十分脆弱。一旦被破坏,珊瑚礁就需要数千年才得以修复重建。因为它们是这样的珍贵,加上生长缓慢,所以人类更要重视并保护它们的安全。

环礁是连续或不连续的环带状珊瑚礁,中央围着很浅的泻湖(如图 8.3 所示),外缘与深邃的洋盆相邻。比如中途岛环礁湖,位于美国旧金山以西 4 500 千米处,靠近夏威夷群岛的西北端——群岛。群岛通常由火山岛、珊瑚礁和浅滩沿着洋脊连成一串。**浅滩**是在水下形成的沙质隆起,比如沙洲,由于沙洲从海面上是无法看到的,所以对于海上航行来说是很危险的。夏威夷群岛由 132 个岛屿、礁石和浅滩组成,延伸范围达 2 400 千米。

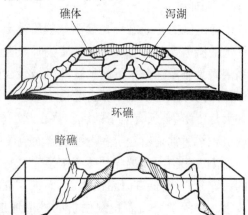

图 8.3　珊瑚礁

中途岛位于太平洋中央,在檀香山西北方向大约 1 850 千米处,由沙子组成,被环礁围绕。东部岛屿现在是一个闲置的美国军事基地,没有土著居民,它最初是一个火山岛,在近 3 000 万年前形成了一个热区。这个火山岛日渐侵蚀,直到消失在海面下,但是在这些岛屿的边缘开始形成岸礁(裙礁),最终形成了环礁。珊瑚砂的运动最终创建了 3 个岛屿。形成中途岛的最早的玄武岩现在位于海面下方超过 150 米的深处。这个环礁几乎是一个完整的圆,中央是泻湖,3 个岛屿星罗棋布地分布在环礁中心点的附近。

海岸线侵蚀

海浪不断地冲刷击打着海岸,就使海岸产生了许多与众不同的地形地。最容易发现的特点之一就是**海蚀崖**。顾名思义,它们是在波浪的作用下不断地潜挖、掏空沿海的陆地而成的结构。当海浪冲刷海蚀崖的下面,它们会将碎块冲刷走,慢慢地将下部的部分岩石掏空,形成凹槽。日久天长,这一持续的过程,顶部的岩石会因下部掏空而不断崩塌坠入海中。随着岩墙的掏空、海蚀崖不断地受侵蚀后退,结果会导致表面类似长椅状的平台称为**海蚀平台**。

延伸入海的陆地会受到强烈的波浪侵蚀。那些严重破碎或岩性相对较软的岩石最先被冲走。这样的效果就是生成**海蚀穴**,如果两个海蚀穴蚀穿而合在一起时,就会形成拱门状的**海蚀拱桥**。波浪最终会破坏这些海蚀穴,当洞穴崩塌时,碎石会堆在一起,剩下坚硬的兀立巨石就是**海蚀柱**。

由于沿海地区往往人口稠密,人类试图控制海岸的形态和海滩环境的侵蚀进程。缓慢而长期的变化,和由风暴引起的快速变化,都在起着作用,使海岸成为动态变化的地方。防洪堤

或码头有时被用于影响洋流或潮汐,或用来保护港口或海岸线,使其免遭暴风雨和侵蚀的影响。

为了保护海滩以免流失太多的泥沙,人类已经开始修建防波堤来拦截泥沙(如图 8.4 所示)。**交叉拱**是按照与海岸线垂直的角度而建的。这种结构能拦截沙子——使海滩上的沙子不会被边界流带走。不幸的是,防波堤下方的水流区域由于泥沙减少,容易发生强烈的侵蚀。这种情况导致建设多个防波堤,因为产权所有者试图"收获"自己的沙子供给。其他的人造结构旨在减轻海岸线侵蚀,包括**防波堤**和海堤。防波堤是在海港或河流入口延伸入海处的成对结构,也能起到防止暴风浪和泥沙沉积的作用。**海堤**是有助于防止海岸线侵蚀的墙或堤坝,这些结构产生的结果跟交叉拱的一样,一方面能保护海岸线,另一方面则有助于减少海岸线的损耗。

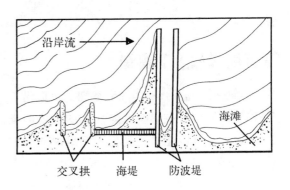

沿岸流

交叉拱　海堤　防波堤

图 8.4　减少侵蚀的人造结构

显然,问题就是海岸线除了会受自然侵蚀外,还会受到人为因素的影响,而且后者的影响往往破坏性更大。海岸线侵蚀是一个亟须处理的问题,人类必须找到长期有效的解决方案,而且这种方案在未来也不会有负面影响。

美国新泽西州的海岸线就是一个例子,那里修建了太多的结构,但这些都不是解决海岸侵蚀的长期有效的方案。一个更合适的解决方案被称为**海滩养护**或人工育滩,也就是定期地

给海滩添加沙子。沙子可能来自附近的泻湖或内陆沙丘,既可以用卡车将沙子直接运到海滩,或者将沙子倒在上游,让波浪携带到海滩。

一探究竟 8.1 海岸线的形状和潮汐的高度

取一个方形盘、一个圆形盘和一个馅饼盘(可用平底锅代替)。将它们都装满水直到水溢出来。试着往前托起盘子,走几步。你会注意到,无论你多么小心地走,比起圆形盘或馅饼盘来,方形盘中的水总是更容易溢出来。

整个海洋都受潮汐的影响,但我们真的只在海岸线沿线注意到这种现象。如果把这几种不同形状的盘子比做不同形状的海岸线,潮水在低缓下斜的海岸涨退,几乎没有变化,就像在馅饼盘中一样。更引人注目的海岸线和海的边缘,能看到潮流明显的涨退。

下沉海岸和上升海岸

尽管海滩、盐沼、三角洲和堰洲岛可以沿着任何海岸线存在,在影响海滩性质的重要因素之一,就是它是否能被归类为下沉海岸或上升海岸。**下沉海岸**是海平面上升或地壳下沉,海水淹没原先干燥的陆地而形成的海岸。**上升海岸**则是海平面下降或地壳上升,原先的海底出露地面所形成的海岸。日久天长,海平面的变化对海岸线有着显著的影响。因此,海岸线可以根据海平面的变化分成下沉海岸和上升海岸。

上升海岸与下沉海岸的对比

- 上升海岸——海平面在下降
- 下沉海岸——海平面在上升

上升海岸的特点:
- 上升的海阶地形;
- 海蚀平台;
- 海滩宽;
- 盐沼面积更大;
- 出露地表的海阶地形。

下沉海岸的特点:
- 淹没的山谷;
- 海蚀柱;
- 海滩窄;
- 小范围分布着盐沼。

由于海平面上升,新近被淹没的海岸线会显现出明显的不规则轮廓。这些下沉海岸之所以有这样的外形,是因为海水首先淹没的是河谷之类的低洼地区,形成河口,而分开山谷的山脊仍耸立在上涨的海面上。在漫长的地质时代里,海平面上升后,河谷被淹,就形成了河口。这一类的河口的特点是很少有泥沙沉积,水深很少超过 30 米。

当海岸线上升时,海平面下降的结果是新海岸的陆地会出露。一旦海平面下降,新的海岸线上会出现海阶地形或是长椅状的平台,它们标示着原始海岸线的位置。如果发生多次隆起,会在远离海岸线的地方发现一系列的海阶或古海岸。

美国的加州海岸,特别是雷耶斯国家海岸,是诠释这种类型海岸特点的最好例子。在那里,你能看到许多的海阶地形,而且由于强烈侵蚀,这些海阶大多数都暴露在外,形成海蚀平台。

小　结

海洋与陆地交界处风光迷人,沿着海岸线

的环境差别很大。大多数人都熟悉海岸线上的海滩，人们在海滩上娱乐休闲。但不规则的基岩海岸线，像美国东北部缅因州海岸的阿卡迪亚国家公园，就因其崎岖美丽的生态风光而为世人所知。

海滩分为四个部分：后滨、前滨、近滨、外滨。海岸线也有助于形成许多有趣的地形地貌，包括盐沼、三角洲、堰洲岛、礁石和环礁。盐沼一般出现在波浪作用不到的地方，但是高潮时，海水会定期渗入，沉淀泥沙和切割出蜿蜒曲折的河道。

三角洲产生于河口地区，是由泥沙等沉积物沉积而成的扇形区域。在外滨地区，沉积物沿着细长的刚刚高出海平面的低山堆积，就形成了堰洲岛。

海岸线分为上升海岸和下沉海岸。上升海岸是海平面相对下降而成的，而下沉海岸则是海平面相对上升而形成的。大多数绵延数千米的海岸线由于在不同的地质历史时期受不同的地质作用影响，因此有可能既有上升海岸，也有下沉海岸。

在海洋和陆地这一重要的分界线——海岸线上，沿着海岸线发生了什么，不会明显影响到两个区域里的生命形式。泥沙等沉积物的沉积会改变汇入大海的河流的水流，强大的风暴会将数百上千年才形成的沙质海滩冲刷殆尽。人类可以将一个成千上万年才形成的珊瑚礁瞬间摧毁，花了数千年的发展。但是我们也可以采取积极措施来保护那些容易受到极端的风和水的影响的海滩。在海岸线上，我们可以看到自然的力量和人类的力量日积月累的作用，滴水穿石，只要旷日时久，你会看到即便是一个小小的变化，也能对未来的陆地和海洋产生很大的影响。

洋　流

关 键 词

赤道无风带，涡流，声波层析成像法，边界，洋流，上升流，科氏力，地转流，埃克曼螺旋，温盐海流

海洋的运动

海水并非静止不动，而是动态的，总是在不停地运动，永远也没有静止的时刻。海水的冷热不均，加上海水表面吹过的风，产生了洋流并使之运动。同时，风本身也是由于地球表面冷热不均而形成的。

风与地球旋转力产生了表面流。温度和盐度控制了海水的密度。最终，携带着更温暖的水流向极地地区，而更冷的水则流向热带地区，从而对地球上的热量分布起到了一些平衡的作用。

水流并不总是按照我们认为理所当然的方式或是它显露出来的方式运动。波浪沿着水的表面运动，但是它事实上并不是按照直线的方向运动。当波浪大量涌向海岸时，不是水的单体在运动而是以波浪作为整体的形式在运动。水在随波逐流，时上时下，就像是一条飘带或是旗子虽然在风中飘摇不定，但是始终待在同一位置。

在前一章，我们讨论过陆地与海洋是如何紧密联系在一起的。泥沙等沉积物冲入海洋，海水又将沙子和沉积物带回到海滩或盐沼中。

可以说，没有海洋，就没有海滩，也没有盐沼。相类似的是，海洋又是跟风力和洋流紧紧相连的，反过来，这些因素又会对陆地施加影响。

表面环流模式

所有大洋的表层水的运动是非常相似的，虽然南大洋和北冰洋的洋盆较小，因此它们的洋流会有一些差别。赤道附近自东向西流动的表面海流，在北半球的叫做北赤道流，在南半球的叫做南赤道流。一对稳定吹动的**信风**（风的方向很少改变，它们年年如此，稳定出现，很讲信用，故称为信风）——来自沙漠的风吹向赤道地区并受科氏力的影响发生偏转——导致了这些洋流的出现。所谓的赤道逆流是南、北赤道海流间的逆向海流，自西向东流动，它位于西风漂流之间。赤道逆流与**赤道无风带**紧密相关。赤道无风带是在赤道附近，位于南北两个信风带之间的海洋区域。空气在赤道无风带受热汇聚上升，向两极流动，在两极附近受冷下沉。受地转偏向力的影响，风不会径直向北或向南吹，而是有一定的偏转。

赤道无风带的特点是会出现无法预见的天气极端事件。大量的太阳辐射会使陆地和海洋迅速升温，从而形成各种各样的极端天气，比如雷雨、暴风（短时间内突然爆发的剧烈风暴，经常伴随雨雪天气）。飓风就是源于赤道无风带的一种典型的极端天气现象。这一赤道地区还有一个特点就是气压低，被称为热带辐射区。

赤道无风带还有一个闻名于世的就是当风周期性地消失时,海面极其平静,航行在这一区域的船舶往往停滞数日乃至数周。

赤道地区的洋流只是所谓的环流的一部分。环流是范围更大的循环流动的洋流体系(如图9.1所示)。环流的第一只"臂膀"是绵延不绝、近乎封闭的循环体系,位于赤道南、北纬30°附近的亚热带区域。在南、北半球发现的向东流动的洋流形成了环流的另一只重要的"臂膀"。在南半球,自西向东流动的洋流被称为西风漂流。它是在南半球发现的最突出的表面流。它在北半球的"副本"被称为北大西洋环流,它确实是沿着北美洲东海岸流动的湾流的延续。

湾流——实际上是一股巨大的移动缓慢的环流的一个部分——起源于赤道附近。美国人可能更经常听过"湾流"是因为它经常影响美国的天气,天气预报员会经常提起它。佛罗里达海流流经佛罗里达海峡,并沿着美国东南海岸流动。它有近80千米宽,在哈特拉斯岬角的北部,它被拉布拉多寒流的一股狭小的南部延伸流从海岸分离。当温暖的湾流与拉布拉多寒流带来的冷风相遇时,海上就经常会出现浓雾。

位于太平洋的洋流系统被称为北太平洋环流。印度洋的环流由南侧的西风漂流和北侧的南赤道海流组成。

一探究竟9.1 风是如何作用于表面流的

将一只浅盘装满水。用一个打孔机在一张硬纸壳上打出10个小圆片。将这些小纸片放入浅盘中的水上,靠近盘子的左侧。向着纸片所在的水面吹气。

你会看到,圆纸片会沿着盘子的边缘运动。这是因为你的吹气产生了表面流(即水的水平运动)。水总是从风最先吹到的水面开始运动。除了风(或者,在这个例子中,是你的呼气),地球的转动、水温的变化,以及海洋的海面高低差异都会影响到洋流。

北半球的亚热带环流是按着顺时针方向流动的,而在南半球,亚热带的环流则是按照逆时针方向流动。洋流的名称通常是按照它们起源的地区的名字来命名的,这样也使人们更易于理解并记住地球上的几大洋流和环流系统。

北大西洋环流是顺时针旋转的。在环流的中心水域是所谓的马尾藻海,几乎没有洋流存在。这一平静的水域之所以叫马尾藻海,是因为这里密密麻麻生长着大量的马尾藻。

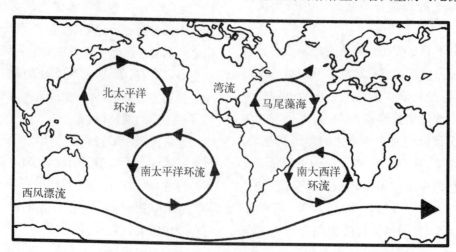

图 9.1 环流

在极地和亚极地地区也有环流,在北半球,环流是顺时针方向流动,而在南半球,环流则是逆时针方向流动。由于南、北半球的陆地分布不同,所以南半球的高纬度没什么陆地影响表面流,而北半球的高纬度环流更为显著,形式也更多。特别是南极洲几乎直接位于南极地区的中心,使得西风漂流畅通无阻地绕着地球运行。但是,在南极洲的海岸附近,人们也发现了一些较小的顺时针环流。

如何监测洋流

要测量洋流的流向和强弱有很多方法。或许最简单的方法要数让船只顺着洋流漂移,从而绘制出船只的运行路径。还有的一个简单的方法,就是在纸条写上投放的时间和地点,然后将纸条放在密封的瓶子里放入大海漂流,漂流瓶能帮助人们监测洋流。1962年有人在澳大利亚的珀斯投放了一个漂流瓶,5年后,在美国佛罗里达州的迈阿密,有人捡到了这只瓶子。稍为复杂的监测环流的方法是用一只自由漂流的浮筒,它能传送所在位置的数据。还有一些浮筒则被系在特定位置的海底来监测洋流。在轨卫星还可以从太空监测洋流的流向。可以通过一个叫做声波层析成像法的电脑程序来构建一个三维立体的水流模型。地下探测产生的声波能在海中传播。结果证明,如果水流向着接收器的方向流,声波会更快到达接收器,反之则更慢。通过监测放射性化合物的释放量,可追踪更深处的洋流。

边界流

那些流向与赤道平行的洋流,最终会与大洲相遇,然后要么偏向南方,要么偏向北方进入所谓的**边界流**。边界流是因为它们沿着大洲的边界流动而得名。这些洋流之所以重要,是因为它们的流动可以传输热量,将热带地区的热量(由东向西流动的洋流产生的温水)通过洋流的流动,传向极地地区。在北半球,西部边界流非常强,以每天数百千米的速度移动;而东部的边界流则要弱得多,移动速度很慢,一天仅移动数十千米。

地球绕着地轴自转会产生这样一个结果:取代西边的边界流,在洋盆的西部边缘,产生移动迅速的、狭窄的深海洋流。墨西哥湾流就是一个很好的例子。在这里,这种洋流引起海水堆积,迫使密度跃层(海水在垂直方向上由于密度不同而形成分层)位于更深的位置。通常密度跃层的水平面位于海面和深海之间,正如我们在第六章中所发现的那样。当跃层被迫进入海中更深处时,西部的边界流的营养物质就会耗尽。

洋流的重要性

在大海上航行的船只充分利用了海洋表面洋流。如果顺着洋流流动的方向航行,航行时间可以显著减少。洋流还能将赤道附近的暖流带到两极地区。在这些暖流流经的沿岸地区,比如英国,暖流能调节当地的气候,使沿岸地区的气温比同纬度的内陆地区高。同样,两极地区的寒流则会向赤道地区流去,在夏季,这些温度低的水流能调节赤道地区的炎热气候。由此可见,洋流的流动使得地球的热量分布更为均衡,热带地区盛产的多余的热量随着洋流运送到热量不足的极地地区,而极地地区的严寒则可以随着洋流给热带地区带来丝丝凉意。如果没有洋流的热量调节作用,两极会比现在更冷,而热带地区则会比现在更热。

上升流和科里奥利效应

虽然大海的西部边界缺乏营养物质,但是

相同的洋流在大海的东部边界带来的营养物质却截然不同,极其丰富。我们知道地球绕着地轴自转,使边界流被取代,从而导致密度跃层到更深的层次,在海洋的西部边界营养物质缺乏。上升流有相反的效果,因为它是海洋深处的冷水上升取代温暖的表层水的过程(如图9.2所示)。**上升流**使表层海水远离海岸,而海洋深处的大量冷水则涌向水面。当风朝着赤道方向运动同时又与海岸平行时,就会产生上升流这种现象。在海洋的东海岸,上升流比较频繁地出现,特别是在美国加利福尼亚州、秘鲁和西非。上升流将海底高浓度的溶解养分比如硝酸盐和磷酸盐带到海水表面,为海洋鱼类提供了丰富的营养物质,所以有上升流的海域常常会形成盛产鱼类的海洋渔场。

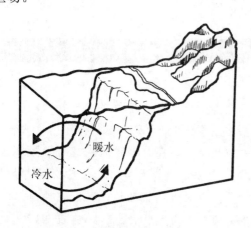

图9.2 上升流

由于地球的自转,在北半球,水流会向运动路径的右侧偏转;而在南半球,则向左偏转。相反的,由风的运动而引发的海流,并不完全跟风的移动路径完全一致,因为地球的旋转会使海流的移动方向发生偏转。这被称为**科里奥利效应**(如图9.3所示)。科里奥利力也称地转偏向力,是一种惯性力,科学家和数学家用它来描述物体在一个旋转的参照系里的运动。尽管在洋流的生成过程中,风起着重要的作用,但科里奥利力导致洋流方向发生偏转。当描述这个力的

影响作用时,比如风向和洋流流向的偏转的现象就被称为科里奥利效应。这些术语有时可以互换,如果你这样想:这种力使物体偏离了原来的运动路径,而转向新的路径方向,这可能就更好理解了。

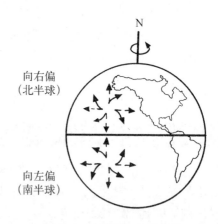

图9.3 地转偏向力的作用

想象一下,表面流沿着与南美洲海岸平行的方向流到秘鲁附近的海岸。而此时,吹向赤道方向的风,风向也与海岸平行。由于地转偏向力的影响,在南半球向左偏,表面流的运动方向从与海岸平行改为定向离岸;当表层海水远离海岸,更深的海水从50~300米的深处向上升,以补充表层海水的营养。

一探究竟9.2 地转偏向力

想象一下,你坐在一枚从赤道向着北极方向发射的火箭里。在发射之前,在赤道上,你已经以每小时1 600千米的速度运动。这个运动速度就是地球绕着地轴自西向东自转的速度。在发射向北极的过程中,随着纬度的增大,火箭会以较慢的速度均匀向东偏转移动。就像一个旋转的轮子,其旋转中心或极点并没有侧向运动。

当火箭向北移动时,它仍然保留了向东的更高的速度,在地球上的其他旁观者看来,这枚火箭明显地向右偏转。然而,如果观察

者从地球以外的点——比如月亮——上观看,就会看到火箭是真正地按照直线轨迹运动。这是因为当你远离赤道时,正是较慢的横向运动的行星导致了明显偏转的地转偏向力的效应。

科里奥利效应和合成上升流使东部边界流富含营养物质,为海洋生物提供了丰富的养料,大量的海洋生物在此繁殖生长,产出力高,形成了著名的海洋渔场。同时,这些东部边界流也可以流经整个大陆边缘,将更冷的极地地区的海水运往炎热的赤道地区,起到了调节水温、调节气候的作用。

风、温度、盐度和地球的旋转结合在一起,最终形成了洋流的诸多特点。风能转移到表层水,是最初驱动表面流的原动力。海水的盐度和温度决定了海水的密度的大小,而海气界面下方的海水的运动则是由海水的密度控制的。在风、海水的密度以及地转偏向力之间平衡的结果就产生了**地转流**。洋流一旦产生并开始运动,其运动方向就会受到地转偏向力的作用发生偏转。

一探究竟9.3 如何理解地球自转对风和洋流的影响

在图画纸上画一个直径为 20 厘米的圆,然后用剪刀将这个圆剪下。将铅笔的笔尖向上穿过这个圆的圆心。滴一滴水在靠近铅笔的圆纸的上方。然后,用你的两手手掌夹住铅笔的下端,使纸张在你的手掌上方。按照逆时针方向搓动铅笔,使圆旋转。你将会看到,纸上的水滴则绕着顺时针方向运动。这是因为水是向前运动的,而水滴下方的纸则向外运动。同样,北半球的风和洋流,由于地球的自转,会向右偏转。这被称为科里奥利效应。

地下水向着不同的方向和不同的深度不停地运动。地转偏向力会使不同层次的水都发生偏转。尽管水流的速度随着深度递减,但整体的结果是形成螺旋洋流深入到大海。这种螺旋洋流就叫做埃克曼螺旋。埃克曼螺旋向下延伸可以深达 200 米,在这一深度的水体已完全不受风的影响了。

深海环流模式

洋流的总体循环不单是靠近海面的海水循环。海水也会在大洋深处运动,但是这种运动是受海水温度和盐度控制的。在这种情况下,风不起作用,而是在重力的影响下,不同密度的海水驱动了洋流(如图 9.4 所示)。

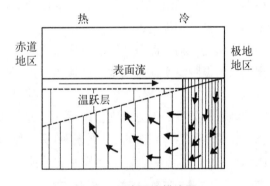

图 9.4 深海环流模式图

温暖低盐的海水密度比寒冷、高盐的海水密度小。冷而咸的水体会往下沉,从而驱动深海环流。由于这些洋流温度低、盐度高,所以被称为温盐洋流。这些洋流往往位于海面下方长达 100~1 000 年。

要知道这些洋流是如何运行的,并不难理解。当水与大气相接触时会冷却,所以水的密度增大。同样,当水冻结成冰或蒸发时,净效应就是增大其盐度,因此它的密度也会变大。密度越大的水体,无论它是由温度变化或盐度变化所致,都会沉向海底。

为了使海水分布保持平衡或均衡,密度更小的深层海水会被取代,向着密度更大的海水流域运动。这也就意味着在极地附近形成的温度更低、盐度更小的海水,向着赤道流动,从而取代赤道地区温度更高的海水。

在南极和北极地区形成并分布着密集的极地海,它们是深海环流的起源地。地球上密度最大的水体都起源于南极。南极冬季的极端严寒会使表层海水冻结成冰。由于盐与冰无法相容,所以海水盐度增大,相应地海水的密度也加大。水的晶体结构不允许盐或氯化钠与之合并。盐水的冻结温度比 0 ℃还低,离洋底越近,海水的盐度也就越大。

慢慢地,密度更大的海水会下沉到海底,然后开始缓慢穿越洋盆。这种底层的海水被称为盐水。这些盐水的温度上升的幅度是如此之小,以至于要到几百年之后,它们的温度才会升高到足以重返洋面的程度。

受密度驱动的深海洋流有点像传送带。海洋上层的温暖海水向着极地地区流去。到了极地地区,海水变冷,密度变大,最终沉入海底。极地地区的盐度高的海水则会向着赤道方向流去。随着水温上升,它们上升到表面,又开始再次循环,这个过程周而复始,所以叫做环流。

一探究竟 9.4　如何理解水的密度

将一只量杯装四分之三满的水。往量杯里倒入 6 汤匙的食用盐,并搅拌均匀。将蓝色的食用色素滴几滴到量杯里,直到水变成深蓝色。将一个玻璃碗盛半碗水。然后,将量杯里深蓝色的水慢慢沿着碗沿倒入碗中。你将看到蓝色的水会下沉到碗底,在清澈的水的下方形成波浪。当两种不同的水体混合时,盐度更大的水体会下沉,而盐度更低、更轻的水体则会上升到前者的上方。

趣闻趣事:海水的年龄也就是它位于深海的时间。当海水的密度变得越来越大时,它就会沉入深海。北大西洋的海水的年龄介于 100～750 岁之间。太平洋深处的海水则至少有 1 000 岁了。

知道了海水是有年龄的,那如何测定海水的年龄呢?原来海水中的碳同位素可以用来确定海水的年龄。通过测量在海水中溶解的无机碳,以及它待在海洋深处的时间长短或者它有多久没暴露于大气中,就可以算出海水的年龄。

小　结

海水是永不停歇地运动着的,但是它们并不完全按照我们想当然的的运动方式来运动。洋流是由吹过海面的风、地球的旋转以及海水的温度和盐度综合作用而形成的。

海水的表面循环洋流被称为环流,这是一种大尺度的闭合的洋流模式。虽然在地球的不同区域有不同的表面洋流,但在北半球,洋流大多数是按顺时针方向流动的,而在南半球,洋流基本上是按逆时针方向流动的。

沿着赤道流动的洋流最终会遇到大陆,然后沿着陆地边界往北或往南流动。这些边界流会受地转偏向力的影响发生偏转,结果在洋盆的西边形成流速快、狭窄的深海洋流,而在洋盆的东边则形成宽度更大带有上升流的洋流。科里奥利效应(地转偏向力影响)还会使洋流逆风而流。由于海水不同层次之间的替换,地球的旋转还有助于取代边界流。上升流是冷海水垂直向上的运动,它会使深海富含营养物质的海水上升到海水表面。

除了风的影响,海水的运动还受盐度和温度的主宰,这是因为盐度和温度决定了海水的密度大小。在海面的下方,海水向着深处运动。冷而咸的海水下沉,就像传送带一样,可以使海洋深处的海水待在深处长达 100～1 000 年,直到它重返海水表层。在极地附近形成的更冷、更咸的海水向着赤道方向流动,最终到达赤道取代那里的温度更高的海水。盐度更大,也就意味着密度更大,在极地地区的海水并不会结冰,而是沉到海底,然后缓慢地沿着洋盆流动。

可以将海洋想象成一个具有很多层次的复杂的系统。在这一章中,我们讨论了海水中的表面区、跃层区、温跃层(温度急剧变化的分层)和盐跃层(盐度有明显改变)。这些层次之间不会自由地混合,而是会流动,这取决于风的作用和地球的旋转作用。两极地区的盐水下沉到大洋深处,然后极其缓慢地向着赤道方向流动。而在其他地区的上升流则将底层富含营养的海水输送到海水表层。海洋是不停地运动着的,大多数的海水运动都是围绕着一个目的。海水的分层是会交替进行的,使两极地区的海水温度上升,而使赤道附近的海水温度下降,将海底深处的营养物质输送到表面,为鱼提供丰富的饵料。海洋也有着巨大的力量,有时也会发怒失控,使人束手无策,但是我们能做的大部分的重要工作也是最基础的工作,就是努力使我们赖以生存的地球保持健康。

波浪与潮汐

关 键 词

波浪,波峰,波谷,波长,波幅,波浪的频率,毛细波,重力波,潮汐,到达的时间膨胀,洪水流,地震海浪,隆起,涨潮,落潮

波浪的表现

在第九章,我们讨论了不同类型的洋流。海洋一刻也不停歇,实际上,它可能比我们所能认识的还要动感得多。我们现在知道,我们通过表面所看到的只不过是海洋的一小部分外在表现而已。深海洋流使海水就像传送带一样始终不停地在运动着。洋流的上下运动既是由于海水的温度和盐度的差异而导致的,也是风和重力一起作用的结果。

认识海洋威力的第二个渠道就是波浪。根据不同的来源,可以将波浪在大海中的扰动分成不同的类型。风、地震以及太阳和月球的引力拉动都会造成波浪的扰动。波浪一旦形成,最好的想象莫过于海水以上下振动的方式在运动,这种振荡运动(以稳定、连续的节奏进行前后摇摆)会随着水深的加大而减弱。重要的是要知道开放的海浪不会将海水往两旁推开。想象一下海中漂浮的船只,当波浪经过时,自由漂浮在海中的船儿只会在垂直方向上时而上浮时而下沉,波浪并不会将船推开。

波浪的构成部分

有许多的术语可以用来描述波浪的表现。波浪的最高点叫做**波峰**。波浪的最低点则叫做**波谷**。从波谷到波峰之间的距离叫做**波高**。相邻的两个波峰之间的距离,或者从波浪的任何一点到下一个波浪相同的位置之间的距离,叫做**波长**。波浪高过或低于海平面的最大高度就称为**波幅**,它是波高的一半(如图 10.1 所示)。

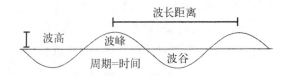

图 10.1 波浪的构成

风的行踪不定,时而缓缓拂过,时而迅猛狂暴,在波浪的外观表现上也能看出风作用过的痕迹。但是,一旦风改变了方向,波浪会保持运动,然后逐渐变化成膨胀的外形:波高变小,波长变大。这种波浪能将风暴的能量携带到遥远的海滨。我们所看到的波浪可能是许多不同方向的风和各种力量综合作用的结果,但是对于从事海洋相关活动以及居住在沿海地区的人们来说,学会观察波浪的表现不仅有用,还很重要。

波浪还可以根据它们的**周期**来进行分类。所谓的周期就是指一个波浪经过一个特定地点所花费的时间。每秒或每小时经过这个特定点的波浪的数量就叫做**波浪的频率**。有的波浪周期可以短至 0.1 秒,也可以长至 24 小时。

最小的波浪被称为**毛细波**,其波长小于1.75厘米,周期小于0.1秒。**表面张力**或吹向水面的风的作用,会限制波浪的大小,它们是小涟漪,只发现于更大的波浪中。微风吹皱的一湖春水就是毛细波的一例。受表面张力的约束,水面上的毛细波只会以涟漪的形式出现。

周期多达5分钟之长的波浪被称做**重力波**。当风吹过开放的海域时,会产生重力波,但是重力才是使海面恢复平静的真正作用的力。当海面越广阔,风吹得越久,最终形成的波浪也就越大。周期大于5分钟的波浪包括**潮汐**(海水在高度上的周期性变化)和**地震海浪**(由于海底地震活动而引发的快速移动的海浪)。

显而易见,对于那些穿过水面的小涟漪也就是毛细波,我们丝毫不用害怕。但是观察潮汐和地震海浪就很重要,因为潮汐的大小既可以很低也可以很高(有时甚至会泛滥成灾),还有地震海浪,它对陆地会产生灾难性的影响。意识到主要的低潮或高潮、地震海浪以及它们对海岸线的影响,从而采取措施保护生命、财产以及自然海岸的特点,有着十分重要的意义。

一探究竟10.1 自制波浪

有两种简单的方法可以制造出波浪。首先,你和朋友可以用一段绳子来制造波浪。这跟杆子上的旗子或丝带很相似。每人分别拿着绳子的一端,然后一起抖动绳子,你会看到绳子就像波浪一样起伏。多做几次,看看是否可以形成不同高度和不同周期的波浪。

你还可以往水池中投入一块小石头来制造波浪。这些水池中的波浪,和大海中的波浪一样,也是上下反复运动,从而往不同的方向向外移动。在不受暴风雨之类的天气干扰的情况下,你会看到波浪会逐渐远离你扔出的小石头与水面相接触的地方。

波浪的类型

风浪

大多数的海浪是在风的作用下而产生的。空气与海水表面之间的摩擦力会产生小涟漪,它们最终会发展成小波浪。这些波谷为V形的波浪会汹涌起伏,顺着风吹过的方向传播。

一探究竟10.2   观察波浪的外观表现

在封闭或半封闭的水池中,波浪会具有一些特别的面貌。在这种环境下,会形成所谓的驻波或湖面波动。这些波浪是由强度大而且持续时间长的强风的作用而产生的,这种强风会将水推动然后在盆地或湖泊的一侧堆积。当风最终消停下来时,水会冲回或沿着逆风的方向运动。其效果就跟浴缸中的水在不停地前后晃动十分相似。在封闭的水池中结果也是一样——水会不停地从一边晃动到另一边直到它最终达到平衡状态,驻波消失为止。此类例子常发生于波罗的海以及美国的五大湖。

你可以在一小盆水中自制驻波。将脸盆装半盆水。然后,轻轻地倾斜脸盆使水往另一侧流。然后突然将这盆水往反方向倒至水面水平。观察盆中的水是如何从一侧向另一侧晃动的。

波高是随着风速的加大而成比例地增高的。当波浪的周期变长时,波浪的速度也会相应地增大。风持续的时间、**到达的时间**或风吹过的距离,决定了波浪的大小。只有当风长时间作用于一个固定区域时,才会形成惊涛骇浪。

当暴风雨来临时,由于风的作用,都会产生波浪。在大海、大洋或湖泊里这些波浪的源头,产生的波浪无序而且不可预测。然后这些波浪会离开起点,或是在开阔的水域聚集在一起形成像起伏的群山那样的波浪,从暴风雨处从各个方向向外离开。

然后波浪依次向外移动,长波在前,短波在后,逐渐离开波浪起源的地方。

由于波长最长的波浪运动得最快,它们也就成为最早到达陆地的波浪。如果波浪位于深水区,水深对波浪没有影响。但是,只要波浪一到达海岸,水深变浅,这就会影响到波浪的表现。在水深深度与波长的一半相等时,波浪开始到底了。一些能量被用于前后移动一些泥沙之类的小颗粒物质,所以波浪的移动速度也变慢了。而在它之后的稍快的波浪会赶上来了,波长变小,于是波浪变得更高了。最后,波浪高到一定程度时就会倾泻而下,形成人们所熟悉的四处飞溅的浪花泡沫,涌上海滩。这类波高大的波浪,由于波峰的移动速度比波谷快,所以波浪的顶部就会向前弯曲。如果波浪以缓慢而又均衡的方式使波形破碎,这种波浪就称为**溢波**。在很短距离就破碎并且突然撞击到海滩的波浪就被称为**卷波**。

—探究竟 10.3　自制内波

内波就是发生在流体内部的波动。波浪既可以在两层水体的分界面产生,也可以在大气(海洋)的边界处产生。在深度很大的深水区的水体,由于温度或盐度差异而导致的密度变化,不同密度层次的水体有可能产生很大的分异。这些波浪以十分流畅起伏的方式出现。与表面波浪相比,这些深水区的波浪移动更为缓慢,但是波高却更大。

你可以通过下列步骤来模拟生成内波:将机油或别的重量轻的油倒入瓶子中,瓶子事先已装好半瓶水。由于机油的密度更小,它会浮在水面上。将瓶盖旋紧。将瓶子直立,慢慢地前后摇晃瓶子。注意观察瓶子中的油水交界面处是否有小波浪形成。

地震海浪

海啸是由海底地震、火山爆发或海底塌陷和滑坡等大地活动造成的海面恶浪。它的典型特点是,地震海浪会按照大约 15 分钟的间隔,反复出现 3~4 次。海啸是一种具有强大破坏力的海浪,它的波长极长,移动速度飞快。典型的海啸的波长大约可达 250 千米,每小时的移动速度近 700 千米(如图 10.2 所示),波高可达数十米,并形成极具危害性的"水墙"。

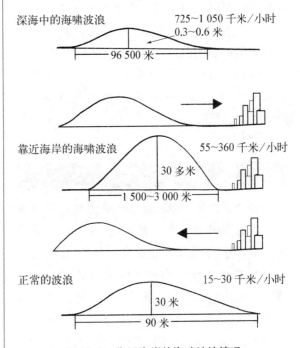

图 10.2　靠近海岸的海啸波浪情况

说来也奇怪,在开阔的海面上,海啸几乎是察觉不到的,海啸引发的波浪仅比海平面高不到 1 米。但是,当地震海浪进入靠近海岸线的浅水区时,情形就截然相反了。当海啸接近附近的海岸线的底部时,波浪的移动开始变慢,波浪堆积起来。在地势平坦的海滩,这些堆积的波浪高度可达 20 米。而在 V 形的海岸入口,由于波浪迅速堆积,竟然可以形成近 30 米高度的波浪,真可谓是涛天骇浪了。通常在海啸来临之前,海滩上的海水会被"吸回"大海。此时,海港或海滩会变得异乎寻常的干,直到海啸的巨浪呼啸而至。它就像个巨大的吸尘器,将海港中的水瞬间都吸尽,只留下搁浅的船只和淤泥上翻腾的鱼儿。

在太平洋有一圈环太平洋火山地震带,在这些地区,经常发生地震和火山喷发,地球上80%的海啸都发生在环太平洋火山地震带。在过去的一个世纪里,有超过5万人死于海啸。

目前已在夏威夷建立了太平洋海啸预警系统,它的建立能帮助人们迅速掌握海啸发生的区域,提出预警,以尽可能避免人员伤亡。地震监测设备和检潮仪的联网,能及时监测可能引发海啸的海底地震,从而使人们未雨绸缪,有足够的时间来采取预防措施,以免当毫无预警的海啸来临时,人员、房屋、船只都被卷得一干二净,惨不忍睹。

历史上的海啸

海啸是海洋中最具破坏力的波浪。海啸曾被人误称为潮汐波浪。事实上,海啸是由于海底地震、滑坡或海底火山喷发而引发的恶浪。

1929年在加拿大的大浅滩附近发生的海啸,是由之前发生的里氏7.2级地震引发的。它造成了40万美元的损失(大多数是跨大西洋的海底电话电缆遭到破坏所致),29人死亡。海啸的影响一直远至葡萄牙。这次的海啸造成的重大损失是由于海底滑坡损坏了铺设在海底的电缆,第一次证明了海底浊流的存在。浊流是大陆架上的泥和沙顺着斜坡下滑后悬浮在海水中,水流中悬浮密集着泥沙等沉积物并顺坡下滑的运动。

1996年2月21日,秘鲁也遭受了一次海啸。海啸的余波远在590千米之外的海岸处被观测到。由于秘鲁海岸地势低且平坦,波浪倒没有升得很高。取而代之的是,波浪袭击到了200米远的地峡(连接两大块陆地的狭长地区)

内陆的地区。海浪还将渔船冲到离海岸300米远的陆地上,使渔船在那儿搁浅了好多天。

波浪的作用

波浪与海岸线

在第七章我们已经集中谈论了海滩的一些情况,了解到海岸线有许多重要的方面,包括沙洲、沙嘴、海蚀柱和海蚀洞。但是,想一想那些永不停歇、无时无刻不在影响着海岸线的波浪,其作用也不容小觑。当然,一些极端的自然事件像海啸、飓风会在短短的几个小时甚至更短的时间里改变海岸线的容貌,但是波浪稳定持久的拍击以及海流都对海陆交界线贡献出了相当重要的力量。

海岸线受侵蚀的速度取决于海岸线的类型、规模和波浪的作用力。在1992年发生的美国安德鲁飓风,佛罗里达海滩的所有部分甚至连海滩边的建筑都被冲刷殆尽。地球花费了数万年风化而成的海岸线的面貌在短短的几个小时里就被改变得面目全非,的确令人感慨。按照正常的速度,海岸大约一年会受侵蚀后退1.5米。侵蚀过程此消彼长,侵蚀风化的产物可能在别处堆积,而海岸线的新变化在短时间里是人们难以察觉的。

美国加利福尼亚的基岩海岸则以另外一种方式发生变化。在那里,巨浪拍打着海岸,把岩石碎片切削下来卷入海浪中。海浪中的岩石碎片又随着波浪更为猛烈地击打着基岩海岸,击碎更多的海岸岩石。海水也会同时进入耸立的岩石峭壁中的裂隙中,使裂隙变得更大,最终会将整块的岩石分裂开来。海水的化学作用也会溶解岩石中的矿物质。同时,波浪中的沉积物质会沿着海岸线堆积形成沙洲和沙嘴等新的地貌类型。波浪和侵蚀作用是无时无刻不在起作用的，但通常都是难以察觉的。

波浪的侵蚀和变形

在第八章中，我们在讨论海滩的内容中已谈到了波浪的折射作用。我们知道，当波浪接近海滩前部的倾斜底部时，波浪会弯曲变形并倾向于改变运动的方向直到与海岸平行。离海岸越近的波浪部分会接触到底部并首先减慢速度，而此时还处在深水中的波浪后部则保持着原来的速度继续向前。结果就是，波浪的前部以与海岸线近乎平行的方向移动，而不管波浪原先的运动方向。

在海湾，由于波浪的力量变弱，波浪主要集中于对海岬的两侧及入海的一端产生影响。在相连的海湾的岬角前端水深较浅，当波浪到达此处时，它们会从所有的三个角度拍击海岬。日久天长，其结果就是使原来不规整的海岸线逐渐变直。

太阳和月亮的作用形成潮汐

潮汐是海面的一种周期性的涨潮和落潮的现象，它们也可以被认为是周期相当长的波浪。它们是地球受月球和太阳的引力作用而产生的[①]。此外，潮汐的周期还与地球绕着地轴自转紧密相关。由于地球一天自转一圈，沿海地区每天会分别经历两次高潮和两次低潮。

月球的引力吸引着地球，使地球向着月球的一面的海水上升或隆起，造成涨潮。而地球旋转时，会产生离心力，这也导致在地球背向月球的地方，海水也会呈 $180°$ 上涨现象。因此地球的两侧都会出现潮水上涨的现象，并且这两

侧和月球共线。

然而，由于地球自转速度比月球绕地球公转的速度快，因此地球上的海洋每天都会按照一定的周期依次迎来两个潮汐隆起。同时，它们也会按照一定的周期依次迎来海面下降的现象。

地球上离月球最近的半球上的引潮力，正位于月球引力的方向，或者说，正对着月亮，所以受到的月球引力最大。而在地球的相反的另一侧，由于背离月球，月球的引潮力与离心力的方向刚好相反，这里是月球引力最弱的地方。在潮汐隆起经过的海域就会迎来高潮，而在海面下降的地方则会迎来低潮。

春潮和小潮

来自太阳的引力拉动同样也会影响地球上的潮汐的强弱。当太阳、月球和地球处于一条直线上时，也就是满月或新月时，这时地球上的潮汐作用比平常更加猛烈，叠加的引力就会形成特大潮和特小潮，也称**春潮**。春潮就是春天的潮汐，形容其势之猛，因为潮汐的高度有相当大的差异。在接近新月和满月时，太阳与月球对地球的引力也叠加在一起。因此，这时无论是高潮还是低潮都比以往任何时候来得更为强烈。

如果太阳、月亮与地球不完全在一条直线上，也就是在月相的 1/4 阶段（在农历初七左右）和月相的 3/4 阶段（在农历二十二左右），当地球、月球、太阳形成直角时，由于太阳和月亮对地球潮汐的影响会部分抵消，因此，这时，高潮和低潮之间的差异就没有那么显著。在这些情形中，所产生的潮汐高度较低，也就是高潮与低潮之间的差异较小，就称为**小潮**（如图 10.3 所示）。

---

① 译者注：我国自古就有"昼涨称潮，夜涨称汐"的说法。

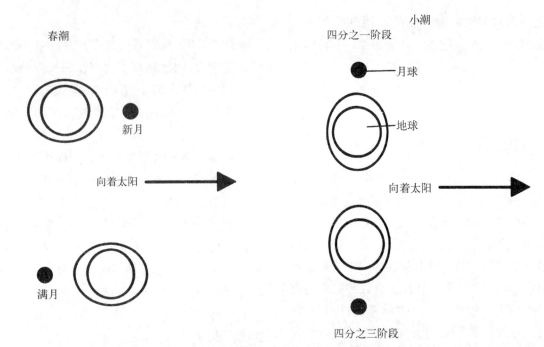

春潮

新月

向着太阳

满月

小潮

四分之一阶段

月球

地球

向着太阳

四分之三阶段

图 10.3 春潮和小潮

潮汐的时间和特性远比春潮和小潮要复杂得多。前面我们已经谈到了潮汐的基本成因及模式,但是在不同的地点,潮汐实际上产生的高度或出现的时间却是有着很大的差异,仅凭太阳和月球的位置是无法真正预测出来的。海岸线的具体形状,洋盆的形状,以及当时的天气状况都会对潮汐的时间和特点产生极大的影响。再加上月球绕地球公转,以及地球绕太阳公转,都使得潮汐的预测变得极具挑战性。

如果我们将所有有关高潮和低潮的知识都联系起来,并将现有地形和天气系统都考虑进去,那我们便可以对潮汐做出预测。对潮汐做出准确的预测,此类信息对于渔民和那些以海为生的人们来说是极其重要的无价之宝;对于那些到海滨以休闲为目的的人们来说,潮汐信息也是他们一直十分感兴趣的。在出现极端高潮或者暴风雨天气的时候,潮汐预测有助于沿海地区的人们提前为可能发生的洪涝及其可能带来的灾难性后果做好准备。

潮 流

潮流是指伴随着潮汐涨落而来的海水的横向流动。在**涨潮**中,在海水的涨升中,在海水尽可能远地流向陆地的阶段,在水位下降的**落潮**阶段,以及海水从海滩边界退去的阶段,我们都能清楚地看到潮流。在开阔的海域中,这些潮流的作用并不是特别的重要,但是在海湾、河口以及其他狭窄的水道中,潮流的影响就比较可观了。

穿过狭窄入口的潮流可能不断地将小水道中的泥沙等沉积物向外搬运到大海中,否则这些泥沙在此淤积,最终可能使良港关闭。在海湾、河流和河口中流动的潮流时而淹没低洼的沿海地区,时而又使被淹的陆地部分出露水面。此类陆地显然不适合作为建筑用地或是人类的居所,但是它们为野生生物提供了宝贵的栖息地,成为野生生物的天堂。潮流也有不足之处,特别是在严重的暴风雨中,此时洪水会涨过通常的边界,导致生命和财产面临巨大的危险。

在一些特定的地点,潮流的力量可以被用来发电。它要求涨潮和退潮之间的落差要大于6米,并且要有一条狭窄的入口从而产生强大的潮流。能同时满足这些条件的地点并不多,但是一旦满足这些条件的话,这时的潮流就能成为宝贵的能源来源。为了利用潮流的能量,需要在海湾口或河口处建造一座大坝。当潮水上涨时,海水通过开放的闸门流入;而当潮水退潮时,滞留在大坝里的海水则逐渐流出,带动发电机的涡轮发电。

危险的洋流

横穿过离岸沙洲的沟渠会形成"水道",这些水道呈漏斗状,将海水从海岸排出。这些水道也被称为离岸流或退潮流,它们对游泳者而言可能是危险的。离岸流不是海滩的永久特征,因为它们会随着时刻变化的波浪条件而改变。要是游泳者不幸身陷其中,就会迅速被离岸流带到近海。

一旦你发现自己处在离岸流中,最好不要逆流游,而是要沿着与海岸平行的方向游。离岸流是一股十分狭窄的水流,但是它的力量十分强大。要从离岸流中游出并游向海滩也是有可能的。如果这时你已筋疲力尽,在找到回海滩的方式之前,最好能先找到一处沙洲,在沙洲上休息片刻,待体力恢复后,再与离岸流作战。许多沙洲的水位只有齐腰深,沙洲上方的水域标志是水色更浅,表面有许多泡沫。

暗潮是位于表面流下方的水流,它的运动方向与表面流相反,也称下层逆流。对于游泳者而言,暗潮也是十分危险的。暗潮会将游泳者推向大海深处,远离海岸。

用潮流发电存在的问题就是这种能量是断断续续的,而涡轮机发电则需要有恒定不变的能量。

如果所有有强潮流的海湾和河口都利用起来,它们也只能提供全球水力发电2%左右的电量,但是对于当地而言,潮流发电是很重要的一种地区性资源。而且潮流发电是一种可再生的绿色能源,它的"燃料"不会耗尽,发电的过程也不会产生有毒的废物。当潮流被用于发电时,对于当地的景观也不会有太大的干扰和破坏。

用潮流来发电并不是什么新生事物,早在12世纪,水车就被用来碾碎谷物了。在17—18世纪,美国波士顿市的面粉大多数是用潮流驱动的水磨坊生产的。近些年来,其他一些国家也已使用潮流来发电。但美国在利用潮流发电方面并没有研发出更有效的方式。

一探究竟10.4 离岸流

你可以通过动手筑一个小坝集一小池水来模拟离岸流。当水汇集完毕,在坝上辟出一道狭窄的开口。注意观察向外涌出的水流是否变成了一道激流。现在,把这个例子想象成规模更大的大坝和水库,你就能感受到要在这道激流中逆流而上是有多么困难和令人筋疲力尽的事。

小 结

在水体表面波动起伏的波浪有各种各样的表现方式。波浪的最高点叫做波峰,波浪的最低点叫做波谷。从波浪的一个波峰到相邻的另一个波峰,或从波浪的一点到相邻的波浪的同一位置之间的距离叫做波长。

振幅是指波浪高于或低于海平面的幅度。也可根据波浪的周期来定义波浪。波浪的周期指的是一个波浪从头到尾经过一个特定点所花费的时间长短。波浪的频率是每秒或每小时经过特定点的波浪的数量。

毛细波是最小的波浪,其波长小于 1.75 厘米,其波浪周期小于 0.1 秒。重力波的波浪周期最大可达 5 分钟。地震海浪的波浪周期则超过 5 分钟。

大多数海浪是因风而起的。随着风速的增大,波浪的高度也相应地成比例地增大。风吹过的距离,是控制波浪规模的另一个因素。

在暴风雨中形成的波浪会隆起或像起伏的群山并离开源地。当波浪撞击到海岸时,如果它以缓慢而均衡的方式破碎,就称其为溢波。在短距离里突然撞击海滩而破碎的波浪被称为卷波。

由海底地震或山崩而引起的地震海浪被称为海啸。这种海浪会以喷气式飞机的速度直冲海岸,这时的波浪就像一堵巨墙,浪高可达 30 米。显而易见,当海啸发生时,一旦海浪冲击陆地,其影响范围及力度不言而喻。

除了波浪的影响外,洋流也是作用于海岸线的不可避免的恒久的力量。它们会缓慢地侵蚀海岸线,将泥沙等沉积物携带到别处堆积,形成沙洲、沙嘴以及其他结构。当波浪到达海岸线时会破碎,通常破碎的浪花会从所有的三个角度击打海湾的岬角,所以海湾内部倒是风平浪静,受波浪的影响极小。这一过程持续进行,日久天长,其趋势就是使原来不规整的海岸线逐渐变直。

潮汐是由月球和太阳的引力拉动而形成的,它们与地球的绕地轴自转也紧密相关。当海平面处于最高位置时,涨潮或高潮就会出现;而当海水从海滩处尽可能远地后退时,低潮或退潮就会发生。

太阳的引力也会影响潮汐,导致极高潮(也称春潮)或极低潮(也称小潮)的形成。尽管潮汐通常会渐渐衰退,流动缓慢,使海陆交界面发生缓慢的变化;但是在狭窄的水道、河口或海峡等地区,潮流往往流速变快。在这些地区,潮流可以使水流的出入口保持通畅,免受泥沙淤积之苦,起到积极的作用;但是另一方面,潮流若是泛滥成灾,入侵陆地或是人工建筑物,就会造成很大的损失。

在一天的短暂时间里,你是很难感受到潮汐、波浪和水流的影响作用的,海洋的力量是无时无刻不在改变着陆地的。作用于陆地的地壳构造外力,同时也一样影响着海底。海洋是我们这颗星球极为重要的组成部分,在海陆交界面的所有区域,波浪、洋流和潮汐都在始终不停地运动着,正如我们所知,这种运动对于我们这个世界来说,其影响之大可谓深远。

气 象 篇

大气成分和分层

天　空

　　当你仰望天空的时候,你会不会对天空中出现的各种云彩感到惊奇?或是想探究一下那些风云变幻的天气到底是如何形成的?还是会近乎陶醉地沐浴在夕阳的美丽余晖里?在过去的 400 年中,人类头顶上的天空已成为科学研究的热点之一。毫无疑问的是,关于云和大气,人类所知道的要远多于人类所做的。比如,人类已经能够预测什么时候天气晴朗,什么时候会下雪或下雨,什么时候暴风雨即将来临。即便如此,大多数人仍然会不时地惊奇地看着天空。了解一些天气现象并不意味着人类就不再对天空感到惊奇。显而易见,天空是人类赖以生存的世界之一。

　　在接下来的章节中,我们将探讨**气象学**的研究进展(涉及大气现象的科学,尤其是气候和天气条件),并讨论天气如何影响我们的地球和我们的生活。本章将重点讨论有关大气成分和大气层——其中 95% 的大气存在于地表上空 30 千米以内,其余 5% 的大气存在于地表上空 30 千米以外至外层空间中。地球的大气具有独特的成分和结构,它是地球演化过程、火山作用和地质时期动植物有机体相互作用的综合产物。

　　在这一章中,我们将重点关注地球大气的起源和大气分层,并着重研究这些大气层及其之间的相互作用,从而促进人们对各种天气现象的理解,如风暴、云系和降水等,所有这些天气现象将在下面的章节中加以讨论。

大气的起源

　　所谓的地球**大气层**,就是指环绕地球表面的空气层,它是地球自然环境的重要组成部分,与人类的生存息息相关。对于大气能延伸到外层空间也就是大气上界,到底有多远,到目前为止还没有确切的概念,但我们已经知道,其中大约 95% 的大气集中在地表上方 30 千米以内,剩下大约 5% 的大气向外层空间延伸,并逐渐延伸到外层空间的真空地带。

　　地球上的大气是在地球 4.6 亿年的历史过程中形成的。小行星撞击、火山活动、太阳辐射以及生活在地球上的有机体等相互作用,所有这些都会影响到大气的组成和结构,也就是最终形成我们今天所知道的大气(如图 11.1)。

　　在地球形成的早期,环境十分恶劣,地球上的大气正是在这种恶劣的环境下形成的。在地球的历史演化过程中,地球上的大气经常受到彗星和小行星的影响。早期的地球从里到外几乎完全是处于熔融状态的,在重力的作用下,一

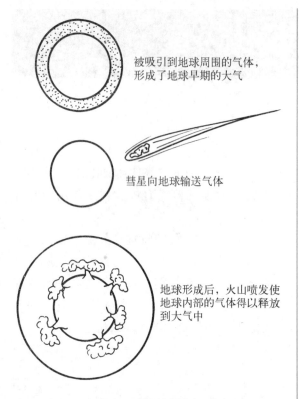

被吸引到地球周围的气体，形成了地球早期的大气

彗星向地球输送气体

地球形成后，火山喷发使地球内部的气体得以释放到大气中

图 11.1　原始的大气

些质量较大的元素，比如液态的铁，就会下沉到地球的中心，地球内部就逐渐出现了分层，从而形成了地球星胚。这一过程不断地持续，直到地球形成前的 1 亿年左右，地球上的大气才开始稳定下来。

在地球整个演化过程中，密度大的元素会向地球内部下沉，这一根据密度的大小而进行排序分类的过程称为**重力分异**。这一过程最终形成了地球的内部圈层结构——地核、地幔和地壳。根据密度分类，也可以将大气看做是地球圈层结构中最稀薄的最外层。和我们今天所拥有的大气不同的是，地球上最早的大气主要是由氢气和氦气组成的，也就是说，整个宇宙中含量最丰富的元素是氢元素和氦元素。然而，由于氢和氦的重量非常轻，地球的重力无法约束它们，氢和氦便"逃逸"进入了太空层。

由于重力分异、氢和氦的逃逸，原始大气开始发生变化。此时，由于火山剧烈喷发，喷出大量的气体，形成了另一种新的大气。在第六章中，我们曾经讨论了气体形成的过程和方式，包括水蒸气，以及随地幔、火山等从地表下方释放出的气体。这种新生的大气中没有氧气，主要是由二氧化碳、水蒸气和氮气组成的。随着原始地球温度的下降，新生大气中的水蒸气也逐渐冷凝成液态水，形成降水。经过数百万年的进化，强烈而持久的降雨淹没了陆地，最终在地势较低的海洋盆地里形成了我们现在所熟悉的海洋。

早期的地球大气是没有游离氧的，这种氧并不是以硅酸盐或氧化物形式存在于地球的岩。现在地球上的大气中游离氧含量大约占 20％，这主要是在地球上植物的作用下，经历了大约 40 亿年的漫长时间，才形成今天大气中氧含量的情况。相比之下，其他类似地球的行星大气，如火星和金星，大气中就不存在游离氧。在地球大气的形成过程中，形成适合地球生命生存的氧气，是一个非常复杂和漫长的过程。这个过程需要太阳光分解水分子并形成臭氧层，并要求臭氧层的浓度要能适合生命的生存，同时要求绿色植物通过光合作用产生的氧，要能够达到维持高等生命的需要。臭氧是一种包含三个氧原子（O_3）的分子，是最具化学活性形式的氧。臭氧主要集中在距地面约 50 千米高度的大气平流层里，这主要是由于这里有足量的来自太阳辐射的紫外线，使得氧原子与氧分子碰撞结合形成臭氧分子。

太阳光中的紫外线能分解水分子，但是，在大多数情况下，这个过程也只能产生大气中约 2％的氧。随着时间的推移，这个过程自然就会形成一臭氧层。臭氧层一旦形成，就会吸收有害于生命的紫外辐射，对太阳紫外线起着屏障作用，保护地球上生命免遭太阳紫外线的伤害。

幸运的是，地球上生命的健康发展正需要有这样一个臭氧层来保护。另一方面，也正由于地球上的生命，是现在大气中氧含量形成的关键性因素。可以说,地球上生命的起源和进化,极大地改变了地球上原始的大气状况。蓝藻细菌,是现在已知地球上最古老的化石之一,它含有叶绿素,是目前地球上发现的最大和最重要的细菌群体。地球上后来出现的更复杂的植物生命,连同蓝藻,成为现代地球大气层中氧气来源的主要贡献者。

　　植物利用二氧化碳、水和太阳光进行光合作用,产生了游离氧和有机物。现在地球上大气中的氧含量,主要就是通过地球有机体的这种光合作用形成的。

　　地球表面上的岩石与游离氧结合的过程,称为**氧化作用**。几乎所有的物质与氧反应之后形成的化合物称为氧化物。举一个特别常见的例子,如腐蚀或铁生锈,就是氧化作用的结果。这种情况在大气中得以发生,只有在其表面因氧气作用变得高度风化或生锈后才可以形成。当大气中氧含量达到现在大气的10%时,需要经历近30亿年时间,但直到大约400万年前,达到现在的氧气含量水平才被认为是可持续的。

早期地球大气的形成

　　臭氧由三个氧原子组成的。在高层大气中,太阳的各种射线撞击氧分子,在太阳紫外线的撞击下,氧分子被分解成两个氧原子,其中一个氧原子(O)会和一个氧分子(O_2)化合成一个臭氧分子。臭氧主要集中在距离地面50千米高度的平流层中,因为这一高度恰好是维持臭氧动态平衡的关键所在。在这里,臭氧吸收来自太阳辐射的紫外线以产生足够数量的氧原子,同时,大气中又有足够浓度的氧分子与氧原子发生碰撞,从而化合形成臭氧。

　　大气中的臭氧可以保护地球上的生命免受来自太阳紫外线的伤害。氮是大气中含量最丰富的气体,当它与其他元素结合形成固体硝酸

盐化合物时,这种化合物对于植物和动物的新陈代谢就变得非常重要。某些种类的细菌能将大气中游离的氮还原为硝酸盐,使其成为能被植物和生活在植物体中的动物所利用。绿色植物通过光合作用释放出氧气,绿色植物这种光合作用的过程使得大气中的氧气能保持在一个相当恒定的水平。

　　由于人类活动而产生的一些气体,如碳氟化合物破坏了大气中的臭氧层,增加太阳紫外线辐射的危害,这样已经使得大气成分维持在一脆弱的平衡中。尽管我们知道,地球上的大气是经历了约40亿年的漫长时间才达到现在大约20%的氧含量的状态,这是维持地球上生命的需要,但是人类改变这种脆弱的平衡则只需要几百年的短短时间。

大气的组成

　　我们地球上的大气,可以说几乎是由氮气和氧气组成的,或者说这两种气体占了地球上大气大约99%,剩余的1%的气体,大部分是由惰性气体氩以及少量其他气体组成的。氩这一微量元素最初是通过分光镜探测到的。氩气是一种无色、无嗅、无味的气体,在空气中是很少被发现的。(当今在灯泡和荧光管中使用的就是这种气体)

分光镜是如何工作的

　　分光镜是与科学研究光波波长密切相关的仪器。它的基本构成就是需要一个连同镜头的棱镜。分光镜允许光进入管道并透过镜头,然后被分解成不同颜色的连续光谱。例如,一颗恒星上的每个元素,都可能会产生一组不同的独特的谱线强度。光谱技术允许我们确定行星

和恒星的组成成分,以及它到底离我们有多远、温度有多高,以及是否适合我们人类参观。

地球的大气

按地球上大气组成的丰富程度降序排列,干洁大气样本的平均组成如下:

氮气占 78.08%

氧气占 20.95%

氩气占 0.94%

二氧化碳占 0.04%

虽然在金星和火星上,大气主要成分是由二氧化碳,但在地球上,大气中二氧化碳含量却非常少(0.04%)。原来,地球上大部分的二氧化碳是以碳酸盐形式存在,称为石灰岩。然而,即使这少量的二氧化碳,对于地球上的大气却是非常重要的,因为它能有效地吸收来自我们地球表面的热辐射,这样它就能地使大气变暖,是控制天气的一个重要因素。

除了上面提到的在大气层中发现的气体外,还有其他的大气成分(如尘埃颗粒和水蒸气等),这些成分在含量上能随着时间而发生变化。如同二氧化碳一样,在大气中发现的这些微量成分对天气和气候有着重要的影响。

地球表面上的细小尘埃颗粒能被大气抬升并使它们飘浮在空气中,这些细小尘埃在空中到底能飘浮多远和多长时间,取决于它们的大小和密度。我们把这些飘浮在空中的细小颗粒群体,称为气溶胶。它们包括从火山喷发出来的火山灰、花粉、土壤中的细泥沙,以及火灾中的烟灰和烟雾,甚至是从海洋被海浪卷起飘浮到空中的盐粒等。

大气中的水,几乎总是以水蒸气的形态存在的。大气中水汽含量的范围变化很大,可以从

几乎没有到大约 4% 左右。水汽是大气中一个非常重要组成成分,因为它可以产生云层和与之相关的降水,这对于地球上生命的存在是至关重要的。同时,水汽也扮演了一个与二氧化碳类似的角色,即可以吸收热量,从而使大气变暖。

大气的组成结构

就像海洋存在分层一样,大气也存在分层结构,这个分层结构从地球表面向上到外层空间。在地球表面,大气的压力最大。我们假设有一个约 100 千米高的空气柱,在空气柱的底部,空气的压力为 100 千帕。随着高度的升高,大气的压力逐渐降低(如图 11.2 所示)。

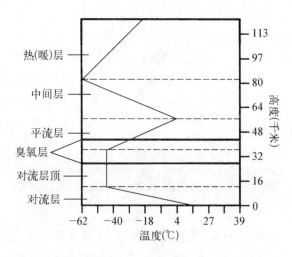

图 11.2 大气结构图

在整个大气圈,90% 都集中在高于海平面16 千米以内的空间里。正如在本章的第一部分提到的,大气主要存在于地球表面到 30 千米的空间范围。科学家认为,100 千米处的高度是大气存在的绝对极限,在此高度,仅仅保留这大约 0.000 03% 的大气。对流层是我们所有的天气现象出现的地方;因为同温层比较稳定,飞机主要在同温层中飞行;在中间层,有来自外太空的岩石碎片在这里灼烧;在热层,则空气已经

非常稀薄,这一层是宇宙飞船绕行轨道。

前面已经提到,在空气柱的底部,空气的压力可以达到每平方米 10.3 吨,同时,底部的空气温度也比顶层空气的温暖得多。因为空气的温度,也和空气的压力一样,随着高度增加而减少。这种现象是众所周知的,即坐落在海拔较高的地方,其温度总是比周围海拔低的地方低。例如,我们把在丹佛打棒球和在纽约打棒球进行比较,在丹佛,由于海拔较高(以及更少的空气压力),这会使更多的棒球越过栅栏。然而,对于运动员,却每一次呼吸的氧气会更少,所以这种运动可能对于运动员来说,同样具有挑战性。又如,在加利福尼亚州和内华达州的塔霍湖畔,滑雪运动在到达海拔 3 060 米地方,其滑行下降山脉的长度为 9 千米。设想一下,如果你穿过这么的大气层,温度将上升了多少度!正是这种大气温度随海拔高度变化而变化的现象,我们可以将大气分成四层结构。

一探究竟 11.1　空气的力量

准备一个生马铃薯和两个塑料吸管。拿着其中一根吸管,吸管顶端口开着,在离马铃薯大约 10 厘米高的地方扎马铃薯。拿着另外一跟,吸管顶端开口用拇指按住,同样在离马铃薯大约 10 厘米高的地方扎马铃薯。结果你将看到,对于顶端开口的吸管,它很难扎进马铃薯中,而对于用拇指按住顶端开口的吸管,则相对比较容易扎进且能插入得更深些。

这其中的原因是:对于用拇指按住顶端开口的吸管来说,由于吸管顶端被封住,困在吸管里的空气会使吸管变得更加强硬,足以扎破马铃薯的表皮。当吸管扎入马铃薯时,来自吸管里空气的压力会使吸管保持不弯曲,同时在扎入马铃薯时,吸管中空气的压力会增加,这又会使吸管扎入得更深些。可见,虽然空气是看不见的,但这个探究实验可以帮助我们更好地理解空气里的强大压力。

大气的四层结构

大气层最贴近地面的部分,也就是我们生活的部分,称为**对流层**,对流层的平均高度大约 12 千米。显然,对流层对我们来说非常重要,因为几乎所有的重要天气现象均出现在对流层。对流层的特点就是空气的垂直混合。在对流层内部,温度变化的恒定速率是海拔每升高 300 米下降 3 ℃。对流层的上部边缘部分称为**对流层顶**,在对流层顶高度处,大气的压力大约只相当于海平面处大气压力的 10%(如图 11.2 所示)。

接下来的大气层,也就是在对流层顶边界上面是**平流层**。这一层向上一直延伸到 50 千米高空处。平流层包括两个部分:从平流层底部延伸到海拔 20 千米处,这一部分的特征是具有恒定不变的温度。温度恒定不变的主要原因,是由于这一部分的大气具有相对稳定性,也就是说这一层的空气不存在垂直运动,而是水平运动。在这一层之上,温度逐渐上升,一直到同温层,这一界限就称为**平流层顶**,其高度大约在 50 千米高空处。这里的温度升高主要是由于臭氧的集聚而直接导致的结果,因为臭氧吸收太阳紫外线而造成大气温度变暖。

一些称为碳氟化合物的人造气体,可以破坏臭氧层,导致有害的紫外线辐射到达地面。另一方面据预测,到下个世纪,因人类活动影响,将使地球的平均温度上升 2 ℃。这主要是由于大气中总含有二氧化碳温室气体,加上水蒸气,由于这些气体的温室效应,将使地球变暖。

温室效应

当然,你肯定已经听说过温室效应。但它是什么呢?它是如何工作的呢?在某种程度上,地球上的大气层就很像一条毯子覆盖在地球表面,它能使大气变暖。太阳通过辐射,大约有 50% 的太阳能量到达我们地球表面。太阳辐射会使地面变暖,同时地面增暖后又向外释放出比原来太阳光波长更长的辐射能量,并返回大气中。这样,一些少量的气体,如二氧化碳,能通过吸收方式防止这种辐射能量的损失,从而产生了热量使大气变暖。假如在一个炎热的夏天,你可以在你的汽车观察到这一工作原理。较短波长的太阳光能轻易穿透汽车的窗户,在汽车里面会吸收了这种太阳短波辐射,并以长波辐射形式向外释放能量,从而使汽车里面温度升高。

另外,气溶胶喷雾剂、空调冰箱制冷剂、汽车尾气,以及能源消耗等新增的人造气体,已经打破了自然界中大气的平衡。人类活动已加强了这种温室效应,进一步使大气变暖。

至平流层顶之上,臭氧的含量在减少,导致大气温度再一次随着高度的升高而降低。这一层的大气就被定义为**中间层**,它的范围从 50 千米以上高空延伸到中间层顶,也就是大约为 80 千米以上的高空。在**中间层顶**,大气温度下降至 $-90\,℃$。

在中间层顶以上,随着温度的升高标志着大气最后一层的开始,称为**热层**。热层有时候也称为**电离层**,因为在这一大气层,原子经历着失去或获得电子,因此带有电荷。太阳辐射与上层大气相互作用而出现在地球极地地区上空,具有一种绚丽多彩的发光现象,这种现象就发生在这一层顶,称为极光现象。出现在北方就称为**北极光**,出现在南方就称为**南极光**。这主要是来自太阳的高速运动的电子和质子因地球磁场的作用流向两极地区,在它们在进入高空大气层时,与大气分子发生碰撞,于是产生了发光现象。这些光的出现也正好与太阳黑子活动和地球磁暴的周期一致。

大气结构的其他分类[①]

此外,还可以把整个大气看成是一座别致的"两层小楼"。这种"两层楼"的设计又是以大气的不同特征为根据的。

第一,按着大气的化学成分来划分。这种划分是以距海平面 90 千米的高度为界限的。在 90 千米高度以下,大气是均匀地混合的,组成大气的各种成分相对比例不随高度而变化,这一层叫做**均质层**。在 90 千米高度以上,组成大气的各种成分的相对比例,是随高度的升高而发生变化的,比较轻的气体如氧原子、氦原子、氢原子等越来越多,大气就不再是均匀的混合了,因此,把这一层叫做非均质层。

第二,是按着大气被电离的状态来划分,可分为非电离层和电离层。在海平面以上 60 千米以内的大气,基本上没有被电离处于中性状态,所以这一层叫**非电离层**。在 60 千米以上至 1 000 千米的高度,这一层大气在太阳紫外线的作用下,大气成分开始电离,形成大量的正、负离子和自由电子,所以这一层叫做**电离层**,这一层对于无线电波的传播有着重要的作用。

趣闻趣事: 爱斯基摩人,可能会经常看到天空中出现奇妙的极光。有很多传奇神话和北极光有关联。在有一些神话故事里,爱斯基摩人把极光认为那是鬼神引导死者灵魂上天堂的火炬。用现代的解释就是非常神奇。一方面,带电粒子流(太阳风)在上空包围着地球并轰击地球。另一方面,产生于地核深处的地球磁场就像一个看不见屏障,将地球罩住,保护着地球免受撞击。但当太阳风进入外层大气时,如果发现在极地周围上空的这个屏障有缺口,就会与到达这里的大气分子发生碰撞,从而引发一系

---

① 以下内容由译者补充。

列的反应,形成极光。某种程度上来说,对北极光的真实解释与爱斯基摩人的神话一样充满神奇。

北极光和南极光

在北极圈内出现的极光景象,称为北极光。同样,在南极圈内出现的极光景象,则称为南极光。极光的发光可以呈现很多不同的形式。极光也与太阳耀斑,与太阳黑子爆炸事件等联系在一起。在地球磁极附近的上层大气,几乎是每隔几个晚上就会出现极光。这些光可能会呈河流状、弧状、幕状,或者像一个静止的青蛙眼睛。它极光有着五颜六色的色彩,颜色可以呈现红、黄、绿、蓝和紫色的。最美的极光是出现在最南部和北部高纬度地区。

北极光可以出现在挪威北部、横跨哈德逊湾中部,通过阿拉斯加巴罗和西伯利亚北部。通常在太阳活动最大的时期,在加拿大和美国也能看见罕见的极光现象。

在这一极端高度和稀薄的大气层里,氮原子和氧原子吸收太阳短波辐射,导致大气温度上升。尽管温度可以上升至 1 000 ℃,但这里的空气非常稀薄。因此,这里的温度排序和我们经历的地球表面的温度有很大不同。在这里大气分子的运动速度主要取决于温度。然而,既然热层是一个大气发光的地方,因此,很少有人会把它与温度联系起来。我们现在所知道的大气中氧气水平是历经 40 亿年的漫长时间才发展和达到现在的平衡状态。同时,科学家们也花了很长的一段时间才分析出大气中的主要成分,以及了解氮气、氧气、氩气、二氧化碳等气体是如何一起工作。直到了 19 世纪末,我们才清楚我们的大气是由什么组成的。更深入的分析研究有助于建立大气的分层结构,并进一步

对外层空间的进行探索。我们对我们地球的理解——如地球是如何产生的?生命是如何演化的?以及在此过程中大气是的如何发展成适合植物、动物和人类的生存?尽管在 20 世纪和 21 世纪,我们对大气的研究已经取得了显著的进展——甚至已经超出了外层空间——但我们对地球的起源和生命的形成的理解还远远不够。

气候的分异与适应

也许更有趣的事情是,地球上很多植物和动物都能适应我们地球的极端恶劣环境。例如,人类容易地在北极地区冻结,或在撒哈拉沙漠中中暑,但对于某些动物,它们却能居住在这些领域并茁壮成长。在北极地区这一极端地方,甚至连植物都无法生长的地方,却仍然生存着一些严格的肉食性动物。它们会采取不同的方式来适应这里的环境:一些动物利用雪地里具有隔热作用的洞穴的,来庇护它们躲避最难熬的冬天。如北极熊长厚的毛皮,海豹和鲸鱼形成厚重的脂肪层;一些极地的鸟类会紧密配合,然后飞向温暖天气的南方。

在沙漠中,蛇可以把自己迅速埋在沙中以躲避炎热的阳光,这样做的同时也能等待猎物的到来并突袭猎物。变色龙,沙漠里的另一种类型动物,这种动物可以改变自身的颜色来使自己和周围的环境毕竟一致,以躲避被捕食者的注意。袋鼠,能生活在完全没有水的地方,可以通过将沙子踢进蛇的眼睛来保护自己。墨西哥奇瓦瓦沙漠里生活着羚羊兔、蜘蛛、蝎子,以及广布的蜥蜴等动物,或许你不可能再找到其他更适合的环境。

在热带森林,你会发现有许多冷血物种的爬行动物、两栖动物和鱼类,它们不需要保持恒定的体温。考虑另一个极端环境——佛罗里达

沼泽,加拿大或俄罗斯的北部森林,以及沿地球的海滨环境——所有这些地方都有适合动物居住的理想环境。它们设法保护自己免受捕食,寻找食物和水源,并为年轻后代创造合适的栖息地并繁荣发展。

当然,前面所列举并不是全部,但在某种程度上可以预测环境和动物适应这些环境的能力。您可能还记得有关查尔斯·达尔文在加拉帕戈斯群岛研究雀科鸣鸟故事。发现这些鸟在每个岛屿的生成与繁育都与其他岛屿轻微的区别,也不同于那些在南美大陆上的。经过漫长的时间,动物通过自然选择的过程,要么适应生存,要么慢慢的灭绝。同样,这自然选择过程也发生在植物上。人类的干扰在很多地方加速了物种灭绝的过程。但在可预测的季节或温度和降雨的范围内,野生动物(相比于人类要好得多)似乎都能很好地应对极地、沙漠、热带雨林,以及整个环境范围之间。

我们已经解释说明世界上除了澳大利亚地区,其他地方却不存在袋鼠?而貘则同时可以生存在亚洲和南美洲。另外,在大陆完全形成之前,其他一些稀奇的动物也都能适应早期大陆板块漂移和分裂时期。

小 结

由于重力分异、氢和氦的逃逸,原始大气开始发生变化。地球上大气的形成是从重力分异、氢与氦的逃逸开始的。强烈的火山活动之喷出大量的气体进入到大气环境中。随着地球温度的冷却和大雨的降落,地球在这一阶段创造了适合维持生命发展的大气条件。

地球在经历了 40 亿年的漫长时间,出现了植物,首先是蓝藻,然后是其他形式的植物,这些植物利用二氧化碳、水和阳光,开始了光合作用的过程,从而产生了游离氧和有机化合物。随着时间的慢慢推移,致使大气中氧气水平从约 2% 增加至 20%,从而达到了我们所知道的能够维持生命的氧气水平。

现代地球大气的成分几乎是由氮和氧组成的,而且其他大气成分会随着时间发生变化。这些其他在大气成分中只存在极少量,但它们对天气而言是极其重要的。水也几乎总是以水汽的形态存在于大气中。

就像海洋存在分层结构一样,地球上的大气结构也存在分层。大气的分层结构从地球表面延伸约 100 千米高空。在不同的大气层,其温度和压力的变化是不同的。

其中,最接近地球表面的大气层称为对流层,它可以延伸到 12 千米高空。在对流层的最高处是对流层顶,在对流层顶的边界之上是平流层,平流层可以延伸到约 50 千米高空的平流层顶处。在平流层顶之上,臭氧已完全被消耗殆尽。中间层从平流层顶延伸到 80 千米高度出中间层顶。大气层最后一层结构是热层,或者称为电离层,这一层一直延伸到大约 100 千米高空处。在这一层里,大气非常稀薄,即大约只维持着 0.000 03% 的大气。

地球上的大气中氧气的含量大约 20%。然而,由于人类的影响而排放到大气中的其他气体,破坏了臭氧保护层,并增加了温室效应,已经微妙地打破了这种平衡。

现在地球大气的形成经历了 40 亿年的漫长时间,但直到 19 世纪,人类才了解大气的基本组成,以及它们之间是如何相互作用的。今天,对地球大气的科学研究应包括如何阻止人造气体对环境的有害影响,以及探索外太层空间的大气,所以这些探索这些都已经超越地球大气的本身。

第十二章

12

云

关键词

气象学家,云,蒸发,冷凝,升华,凝华,湿度,露点,比湿,相对湿度,干湿球湿度计,毛发湿度计,绝热,凝结核,层云,卷,积云,霰,雾凇

云和天气

在前面的章节中,了解了地球大气的组分和分层结构,从某种程度上说,我们并没有真正看到这些对我们日常生活的影响。但是话又说回来,也许,人们更关心的是那些看得见的现象,如夏日里的蓝天白云和预示着恶劣天气的乌黑暴风云。从孩提时起,我们就已经习惯于通过观看特定的云来预测某些天气状况,尽管这些从某种意义来说,也具有一定的科学性。在本章中,我们将讨论各种不同类型的云及其含义,同时,探讨**气象学家**和科学家如何准确预测天气模式。

水蒸气与湿度

云实际上是由大气中许多细小的水滴和冰晶聚集或纠结在一起形成的。它们可以以液态水的形成产生降水或冰晶。

大气活动基本发生在对流层里,而对流层是地球大气比例最低的部分,其关键性因素就

是大气总的水分含量或水蒸气。大气中水汽含量是变化的,通常情况下,大气中的水蒸气可以占空气体积从 0%～4%,但这样的水汽含量范围就可以形成降水。

水蒸气容易夹杂在氮和氧中,构成我们大气的主要成分。作为气体,氮气和氧气是非常稳定的——它们需要温度达到低于 $-200\ ℃$ 才能从大气中冷凝出来。然而,在相同的条件下,对于水蒸气就不一样了。在地球表面附近的温度,均适合液态、固态或气态水存在。如水可以冻结成冰存在于极地地区,也可以作为液态存在于河流和海洋中,而水蒸气则作为气体形成云,云最终会通过冷凝,又从气态转化成液态,然后以降水或降雪的形式落到地球表面。

蒸发就是水从液态转化为气体或水蒸气的过程。当它又转化回到液态时,比如降水,这个变化过程称为**冷凝**。如果水结冰后,就会形成固体冰。反过来,如果冰融化后,就会转化成液态水。另外,冰也可以跳过融化成水的阶段而直接从固态变成水蒸气,这一过程称为**升华**。你可能已经看到过这样的升华现象,如干冰(固体二氧化碳),它会直接变成蒸气从而代替液态。升华的反过程就是**凝华**,即水蒸气直接转化为固体,霜的形成就是凝华现象的一个很好的例子。

大家可能都非常熟悉这样一个现象,即在炎热的夏天,我们会感觉空气中水蒸气比实际空气的水蒸气要多。目前大气中水蒸气的含量是通过湿度来衡量的。空气中水汽含量或潮湿程度,简称**湿度**。湿度与大气温度有关,是大气温度的函数,因为热空气比冷空气能够容纳更多的水蒸

气。当大气冷却,到达某个平衡点,空气中的水汽就会达到饱和,就会导致它凝结成液体。这就是为什么我们曾有这样的一个经历:即在酷热的夏天突然下起雨后明显感觉到降温效应。

你可能已经看到放在温暖房间里的一个冷饮玻璃表面形成的水滴。与冰冷器界面接触的潮湿的空气会导致水蒸气冷凝。因此,**露点温度**被定义为空气中所含的气态水达到饱和而凝结成液态水所需要降至的温度。空气中含水汽的高低,是依赖于其温度,当超过饱和度时,水蒸气被迫发生冷凝。一旦大气稳定达到露点温度,一些现象如雾、云层便产生。

比湿和相对湿度

比湿是指在选定的湿空气中,水汽质量与湿空气质量之比。这种空气湿度测量方法不受压力或温度变化的影响。

相对湿度,这是我们最熟悉的测量方法,它也是用来描述空气的湿度。它是指在特定温度下,空气中所含水汽量与该气温下饱和水汽量的比值,用百分数来表示。

空气湿度的测量

干湿球湿度计是最普通的测定相对湿度的测量工具,它包含两支相同的普通温度计,用来测量露点温度和相对湿度。其中一支用于测定气温,称干球温度计;另一支在球部用蒸馏水浸湿的纱布包住,允许测量任意下降的温度,叫做湿球温度计。湿球温度计表明蒸发导致的最大冷却量。

干湿球湿度计通过悬挂或鼓风直接暴露在流动的空气中。由于湿度是与从湿球上蒸发出的水分含量成正比,如果两个温度计读数相同,表明蒸发不再发生了,空气中的水蒸气含量已经达到饱和状态。因此,干湿球湿度计主要测量的是两个温度计之间温度的差别、空气的干

燥和减湿度水平。气象学家可以使用这些数据来获得确切的湿度和露点对照表。

另一个很常用但精度比干湿球湿度计更不准确的湿度测量仪器是**毛发湿度计**(如图 12.1 所示)。这种毛发湿度计是一种可以不使用对照表就能读出湿度数据的湿度测量仪器。我们知道,毛发有一种特殊性质,就是它会对湿度变化做出反应。也就是说,当空气中含有很多水蒸气时,毛发的长度会变长,而当空气比较干燥时,它的长度会缩短。这样,毛发的伸缩能力被设计成一种简易的装置,这种装置允许直接用来测定空气的湿度。用于指示毛会发生伸缩变化的刻度盘,其读取的数据范围在 0%～100% 之间。然而,无论是毛发湿度计还是干湿球湿度计,其测量结果都不是很精确,而且这种测量仪器对湿度变化的反应也比较缓慢,在使用过程中需要经常校准。

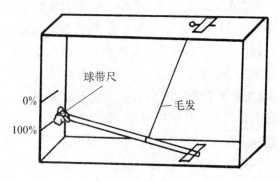

图 12.1 毛发湿度计

冷凝和云的形成

云的形成与潮湿的气团冷却密切相关。当气体膨胀时,它的温度就会冷却下来。相反也是如此,当气体压缩时,它的温度就会上升。这种随着气体膨胀或压缩而导致的温度变化称为**绝热温度变化**。也就是大气温度的升高或下降是由于气体膨胀或压缩造成的,而不是由于热量的增加或减少所引起的。

在地球的大气层里,这种气体因膨胀或压缩而导致的温度变化效果往往是引人注目的。当来自高空的大气下沉时,大气压力增加,温度上升。相反,当大气上升时,压力减少,气体开始膨胀,并且伴随着温度的下降。现在已经测量出,这种绝热冷却的变化速率可以达到地面空气每提高 1 千米,温度下降 10 ℃。如果此时,富含水蒸气的大气冷却到露点温度时,冷凝和云的形成就发生了。

但如果当大气的湿度没有超过 100%,云将无法形成,除非大气中有小的颗粒物质加入,此时大气中的水蒸气才有可能凝结。这些能充当水蒸气凝结的小颗粒物质,称为**凝结核**。能充当凝结核的小颗粒物种,可以包括来自海洋的盐粒子、灰尘和烟雾。但如果是在地球表面,这些小颗粒物质就没有必要,其他诸如窗口和草叶都可以很好地充当冷凝表面。

凝 结 核[1]

在物质由气态转化为液态或固态的凝结过程中,或者在由液态转化为固态的凝结过程中,起凝结核心作用的颗粒,称为凝结核。这种凝结核粒径(半径)一般小于 0.1 微米。按成分的性质可分为三类:(1)不溶于水,但表面能为水所湿润的凝结核,主要是一些经风化后的矿物微粒,如碳酸钙等。这类凝结核的凝结性能,主要决定于凝结核的大小及其吸附水分子的能力。(2)可溶性凝结核,主要是一些可溶性盐的微粒,如海洋和土壤中的氯化钠、氯化镁和硫酸镁等,以及燃烧产物如硫酸钠和大气中由化学反应生成的硫酸铵等。(3)不溶于水和可溶性混合的凝结核,即每个凝结核同时含有可溶性与不可溶性的成分,如某种气体溶入云滴后,由化学反应生成可溶性盐类,随后水分蒸发,残留的盐类结晶附着于云滴中的不可溶凝结核上。

盐也许是最好的凝结核,因为盐具有很好的吸附能力,因此能持有更多的水。大气中的盐粒子来源于海气界面,在那里,海浪把盐粒子溅入大气中。因此,在海气界面有很多这样的盐粒子可以充当凝结核。所以在云的形成过程中,大气实际湿度几乎从不需要达到 100%。云也可以被认为是悬浮在空中的大量微小水滴。在形成云时,如果温度低于冰点,反而冰晶会形成。通常情况下,云是由一些水和冰滴组成的。

云的类型

云在天空中看起来好像是杂乱无章且随机地移动。然而,当你仔细一看,就会发现,它们是一个具有高度规则的组织,使它们能够根据其形态和所处的高度组成各种类型的云。对于气象学家来说,云就是他们特别感兴趣的东西,因为云可以为他们了解大气状况,以及预测大气中将发生什么事情提供了可见的线索,而且,它们还可以用作天气模式的可靠指示器。

云的类型主要可以分为 3 类(如图 12.2 所示):层云、卷云和积云。**层云**,这些云可以出现在海拔最低的地方,而且有时候层云能完全覆盖整层或大片的天空。这种像毛毯式覆盖整个天空的云,有时候也会让它很难被区分出是否是单个个体的云,看似就是一个大云团。**卷云**是高空中呈现白色碎片状的小薄云片,它们有一羽毛状的外观,会呈现束状、带状等多种类型的形态。最后是**积云**,积云常常是呈现膨胀状的白色云,而且在天空中通常是以单个或孤立的云团存在,它们看起来像一个平底的花椰菜,垂直伸入天空。

此外,云还可以根据其所处的高度进行更精细地分类,这主要取决于云底部的高度。层

---

[1] 以下内容由译者补充。

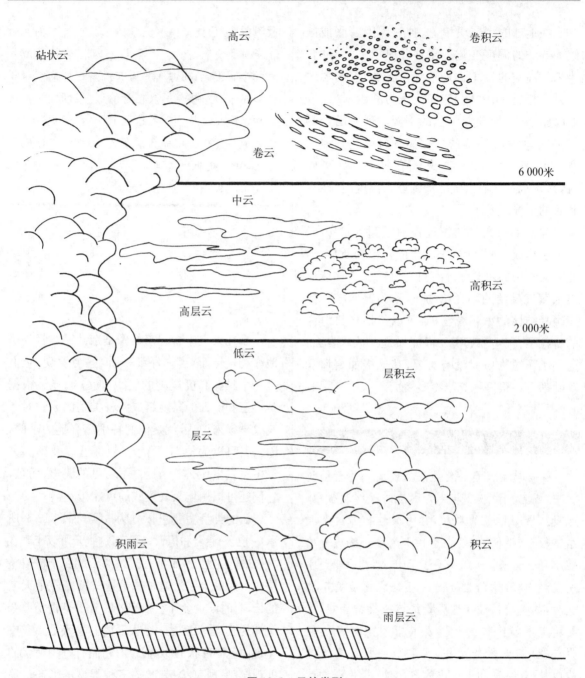

图 12.2 云的类型

云出现在海拔高度比较低的地方,而且它们往往会与降水相关联。这种类型的云,其中的一个演变形式就是**雨层云**,其在拉丁文是"降水云层"的意思。通常,雨层云的厚度足以完全遮挡住太阳,而且这种类型的云通常是象征着将要连续不断地下雨或下雪。层云的另一个演变形式是层积云,层积云一般象征着天气晴朗,它的特征就是呈现波状或斑块状。这些低矮的云层形成在海拔高度大约低于 2 000 米处地方。

另外,出现在中等海拔地方,也就是在 2 000～6 000 米地方的层云,会在云的类型的名称加上前缀"高",也就是高层云。**高层云**是呈灰色到白色且成层的云,这种类型的云同样能覆盖大部分的天空,并往往预示着会下小雨或小雪。然而,这种类型的云往往比较薄,导致朦胧的太阳光仍然能够穿透过。另外,在这一中等高度上,还有一簇簇呈蓬松的白色云称为**高积云**。鉴于它们的外表形态,这些云有时也被称为"羊背云"。

还有一种类型的云叫**积雨云**,它可以跨越了各个层次的高度。这种云常以垂直方式移动,可以出现在海拔 500 米到 18 000 米之间的任一地方。与积雨云相关联的恶劣坏天气包括风暴、暴雨和龙卷风等。例如,当暴风雨即将来临时成形的积雨云,其云顶就像高高耸立的山体垂直插入天空,悬挂在顶部的甚至发展成看起来像铁砧状的云体。

在海拔 6 000 米以上高空的云,是**高云**。高云是卷云的一种演变形式。高云仅仅是由冰晶组成的,这主要是由于在这样的高空,大气的温度和湿度都比较低。这些也从来不制造雨。其中一些相对少见的呈现白色膨胀状的云称为**卷积云**,而那些更为常见的、往往形成碎片或成层的云称为卷层云。也就是说,通常卷层云会使天空中呈现乳白色的光芒,并且在太阳和月亮周围产生光晕或光环。

最后一种类型的云,它几乎可以延伸到地面。换一句话说,这种能延伸至大气的近地面层的云叫做**雾**(云雾)。雾与其他云族不同之处在于它们的形成方式。正如我们之前所了解到的,云之所以会形成,就是由于潮湿的空气上升,然后随着高度的升高而冷却。雾的形成也是由于温暖潮湿的空气冷却,但它不需要在空气上升到高海拔的地方。

有些雾的形成,是由于当满载着水汽的空气流经较冷的地面时,比如雪地或者冷的洋面,此时,低层的空气因接触冷却就会形成雾;有些雾,是在晴朗和凉爽的夜晚,当地面快速辐射冷却时,导致近地面附件空气温度下降至露点以下形成的。也有一些雾的形成,是当潮湿空气沿着山坡上升,导致空气冷却、冷凝形成的。最后还有一些雾,是由于近地面空气附近的大量水汽在蒸发后而造成的结果。

云 的 分 类

在气象观测中,根据云的常见云底高度和云的基本外形特征,云被分为高云、中云和低云三族(见下表)。此外,世界气象组织 1956 年公布的国际云图分类体系又将云分为十属。其中低云有积云、积雨云、层积云、层云和雨层云,中云有高积云和高层云,高云则有卷云、卷层云、卷积云。也有一种分法则将积云和积雨云从低云族中分出,称为直展云族。需要指出的是,有些云属经常会伸展至其他层,如属于中云族的高层云可能伸展至高云族所在的层次,积云和积雨云能伸展至中云族和高云族所在的层次。

云族及高度	云的类型	特 征
高云族 6 000 米 以上	卷 云	具有柔和白色碎片薄片状等
	卷积云	呈膨胀白色云团
	卷层云	形成薄片状或云层,使天空呈乳白色,在太阳或月亮周围形成晕环
中云族 2 000~ 6 000 米	高积云	蓬松的白色云,也称为"羊背云"
	高层云	灰色到白色的云,可以遮盖天空
低云族 2 000 米 以下	层积云	低的、波状或斑块状
	层 云	完全遮蔽天空
	雨层云	降水云层
直展云族 500 米及 以上	积 云	膨胀的白色云,呈独立的云块或组成云团
	积雨云	垂直发展形成,常与恶劣天气有关

降 水

在气象学,**降水**被定义为降落到地球表面的任何形态的水——比如降雨,下雪、冻雨或冰雹,或者被定义为在一定时期内一定区域内降落到地面的水的数量。云层里的水滴降落到地面的条件,首先是这些水滴必须变得足够大,以至于这些水滴下降到地面上时还没有被完全蒸发掉。云层里的水滴大小,平均尺寸大约比一根头发宽度的 7 倍还要小,因此,这样大小的水滴要下降并到达地面,其可能性非常小。通常,一滴这种规模大小的水滴在空气中下降 1 千米所需的时间大约是两天。

幸运的是,有很多途径促使水滴在下降过程中结合或合并在一起,这样就使得水滴降落到地球成为可能。在高海拔地方,水滴会冻结成小冰晶体,这些冰晶体将增大或合并成更大的雪花。当它们下降到低海拔地方时,这些雪花会因变暖而开始融化。这个过程就是,首先,小水滴从冰晶开始了其下降的旅程,然后逐渐增大到足以使它降落到地面上。

在较低海拔地方的云,那里的温度比较温暖以至于冰晶无法形成,但它会有另一种形成降水的方式。有一种理论认为,当水滴开始从云层降落时,它们吞并了其他水滴,在这一个过程中,包括无数的碰撞,直到这些水滴足够大,以至于在蒸发的途中还保证能够降落到地球的表面上。

一探究竟 12.1　水滴如何结合在一起

拿一个透明的塑料盖子,诸如在熟食店买回来的容器或咖啡罐头的盖子。用吸管吸满水,同时用手拿着塑料盖子,底端朝上。挤压着吸管使水滴尽可能分开地进入盖子。然后快速翻过来并使用铅笔将细微的水滴移到一起。

这个实验阐明了水滴彼此之间存在着吸引力。也就是说,在塑料盖或在云层中的水滴,它们会因彼此之间的吸引力结合在一起形成更重、更大的水滴。

降落到地球表面的液态降水,包括雾(水雾)、毛毛雨和雨,这三种形式的液态降水之间的区别主要在于其水滴大小的不同。雾是由直径小于 0.05 毫米的水滴组成的。当水滴直径大于 0.05 毫米但小于 0.5 毫米时,降落下来的雨就是毛毛雨;而当降落下来的水滴直径大于 5 毫米时,就称为雨。上述水滴的大小是受能使水结合在一起的表面张力控制的。再大一点的水滴在穿越大气层过程中也是无法存在的,这主要是因为空气阻力的影响,超过一定大小的水滴就会破碎成许多小水滴的。

水体的表面张力

表面张力是一种在液态(比如水)表面的变形行为。这种行为会使液体在表面以内比在表面之上更容易移动。也就是说,由于液态存在这种表面张力,使得小虫子能够在水的表面穿行。水分子之间的结合力产生表面张力,这主要原因就是由于水倾向类似分子吸引(即上层空间气相分子对它的吸引力小于内部液相分子对它的吸引力)。

在自然界中,我们可以看到很多表面张力的现象,以及对张力的运用。比如,露水总是尽可能的呈球形,而某些昆虫则利用表面张力使其可以漂浮在水面上。

雪花是属于另外一种类型的固态降水(如图 12.3 所示)。固态降水有以下几种形式:雪、霰(软雹)和冰雹。雪是直径在 1.0 毫米~

2.0 厘米的冰晶。直径可以达到 5 毫米大的固态降水,呈柔软而松脆易碎,这种形式的固态降水称为**霰**。其他任何大一些且表面形状呈不规则状的坚硬固态降水都称为**冰雹**。霜是另外一种类型的固态降水,即空气接触到温度低于冰点的表面而冻结形成的冰晶称为**霜**。冻雨不同于霰,主要区别在于冻雨比较小,或者可以这样说,冻雨就是冻结的雨滴。霰的粒径要稍为大些,大小介于 2.0～5.0 毫米之间,是一种软冰雹。雾凇是在有雾时云中的水蒸气(不是雨滴),与地面或其他表面接触时冻结形成的。雨凇也不同于雾凇,主要在于雨凇是雨滴与地面或与其他物体接触冻结时形成的。

霰

冻雨

雪

雾凇

图 12.3 固态降水的类型

雨凇、雾凇、露、霜、雾[①]

名称	外形特征	成 因	天气条件	容易附着的物体部分
霜	白色松脆的冰晶	地面或近地物体冷却到0℃以下,水汽凝化而成,或由露冻结而成	晴朗,微风湿度大的夜间	水平面上和微斜的表面上

续 表

名称	外形特征	成 因	天气条件	容易附着的物体部分
雾凇	乳白色的冰晶层或颗粒状冰层,较松脆	过冷却雾滴在物体迎风面冻结或严寒时空气中水汽凝华而成	气温较低(−3℃以下),有雾或湿度大时	物体的突出部分和迎风面上最多
雨凇	透明或毛玻璃状的冰层坚硬,光滑	过冷却雨滴或毛毛雨滴在物体(温度低于0℃)上冻结而成	气温稍低有雨或毛毛雨下降的时候	水平面、垂直面上均可形成,但水平面和迎风面上增长快

趣闻趣事: 历史上最大的冰雹是 1970 年降落在堪萨斯州,它的重量超过 700 克,直径几乎达到 15 厘米!

气象学家可以精确地测量降雨量。**雨量测量器**就是用来测量的降雨量的仪器。一个简单雨量测量器可以用来测量降雨在 0.025 厘米范围内的雨量。**标准雨量测量器**是由一个直径为 2.0 厘米的量筒和一个 20 厘米的漏斗组成的。该测量仪器的设计,既减少了蒸发,又允许了雨的深度被放大了 10 倍。因此,可以实现比较高精度地测量降雨量。对于测量以雪形式的降水量有两种不同的方法,降雪的深度是使用仪表棒来测量,而水量则是通过给定体积的雪来测量。

你可能想知道,为什么比较一个地方和另一个地方的降水量会很重要? 或者换句话说,为什么人们需要知道一个地方降水量以及测量降落的冰雹的大小? 还有,人们为什么总会忧虑并想要提前预测云的类型。正如我们前面章节里所说的,因为云可以为了解将要发生的天气现象提供线索,以及降水对我们地球保持可持续健康状况是必不可少的。

水在所有这一切的过程中扮演着一个不可或缺的重要角色,因为水除了吸收或释放热能

外,水蒸气是云层和降水的来源。在有些沙漠环境,可能几年都没有降落一滴水,而在其他地方,如像印度乞拉朋齐,在一年内降雨量可能会高达 2 644 厘米。天气变化,以及不同的气候、温度和环境有助于支持各种各样的植物和动物的生命。它们之间的这些显著差异和变化也促进生物的多样性,并在很多方面影响着我们人类的生活。

小　结

云实际上是大气中的水滴和冰晶聚集在一起形成的,主要依赖于大气中水汽的数量。

水能以固态、液态或气态的形式存在于地球的表面,蒸发的过程就是将液态转化为气态的过程。当气态转化为液态时,冷凝就发生了。冰也可以跳过液态阶段而直接从固态转化成蒸汽,这个过程称为升华。升华的逆过程,即当水蒸气直接转化为固态时,凝华便发生了,如冬天时候,在早操上的草地或挡风玻璃上形成的霜,便是凝华现象的例子。

湿度是表示存在于环境中水蒸气的含量,露点温度是当空气中所含的气态水达到饱和时而凝结成液态水所需要的温度。

比湿是指在特定的空气中,水汽质量与空气的总质量(包括水汽的质量)之比。相对湿度,这是我们最熟悉的测量方法,它也是用来描述空气的湿度。目前,我们有两种测量仪器可以测量相对湿度:干湿球湿度计和毛发湿度计。

云的形成与潮湿的大气团密切相关。当一个气体膨胀时,温度下降。相反也是一样的。当空气被快速压缩时,温度升高。这就是我们所知到的绝热温度变化。

云的形成条件,就是空气湿度必须达到或超过 100%,除非有小颗粒物质使水蒸气凝结。这些小颗粒物质,也就是凝结核,可以包括来自海洋的盐粒、灰尘和烟雾。由于空气中含有大量来自海洋的盐粒,因此,实际大气中湿度几乎从未达到 100%就能形成云。

云有三种主要类型:层云、卷云和积云。层云,它主要存在于海拔最低的地方;卷云,存在于较高海拔地方;积云,则可能是一种垂直发展的云块。这三种类型的云可以形成是许多特定的形态,这些形态可以帮助气象学家来预测天气。雾也是温暖、潮湿的空气冷却形成的,但它主要发生在近地面处,而不需要在高海拔地方。

当大气云层中的水滴降落到地面就形成雨。微小的水滴在下降过程中,通常需要通过某一种方法结合在一起。它们可能会冻结并形成小冰晶,也有可能在较低的海拔的地方经过无数的碰撞结合在一起。

降落到地球表面的液态降水,可以是薄雾、毛毛细雨或者雨。这主要取决于水滴的大小。雪花是另一种类型的固态降水,降落到地球上的固态降水的形式有雪、霰或者冰雹。雪是直径在 1.0 毫米～2.0 厘米的冰晶。而霰是指直径稍大点的固态降水,呈现柔软而松脆易碎。雾凇是空气接触到温度低于冰点的表面而冻结形成的冰晶。冻雨基本上就是冻结的雨滴。雨凇不同于雾凇,主要在于雨凇是雨滴与地面或与其他物体接触冻结时形成的。

降水量是气象学家了解天气模式的必备知识,它可以被准备地测量。虽然全球范围内降水变化很大,但正由于降水的变化有助于形成不同的气候,丰富植物和动物的多样性,同样,也影响着人类在我们这个星球的生存。

风

> 毫巴,水银柱,气压计,自动记录式气压计,无液气压计,等压线,反气旋,气旋,水槽,赤道低压,副热带高压,信风,盛行西风带,极地东风带,极地高压,哈得来环流,费雷尔环流,极地环流

大气环流

自从第一艘轮船横跨海洋以来,我们已经知道了地球上存在全球性的大气和大气环流。这些信息也被记录在海员们的日志文档里,人们也非正式地传播着这些信息。今天,卫星遥感技术和计算机技术加强了我们对大气模式和大气环流的理解。

风的运动有全球性尺度和区域性尺度两种水平,行星环流包括近地面大气环流和高空大气环流。

风是由于地球表面受热不均匀而产生的,也正因为地球上的风,才会使云产生移动,以及形成风暴。地球上的风是受科里奥利效应(即地球自转偏向力)和横向大气压力差异控制。风总是从高气压地区吹向低气压地区。在这一章里,我们将会深入讨论低气压区是如何形成的,以及如何自旋而形成风暴。另外,风也与高气压地区的大气向外流动有关,而且,高气压地区通常伴有晴朗的天气。

如果从全球范围尺度来考虑,地球上的风在某种程度上是可以进行预测的。科学家们也设计了精确的仪器用以测量风速和风向,同时,他们也研究了地带性气压模式和全球性的风力系统。这些知识对于预测天气是有价值的解答。

科里奥利效应①

科里奥利效应,是地球自转偏向力,指的是由于地球沿着其倾斜的主轴自西向东旋转而产生的偏向力,使得在北半球所有移动的物体包括气团等向右偏斜,而南半球的所有移动物体向左偏斜的现象。法国物理学家科里奥利于1835年第一次详细地研究了这种现象,因此这种现象称为“科里奥利效应”。有时也把它称为“科里奥利力”,但它并不真是一种力;它只不过是惯性的结果。科里奥利效应在日常生活中最重大的意义,是同旋转着的地球有关。

大气压力

形成风的直接原因是水平气压梯度的存在。由于太阳对大气加热不均等造成的结果,使同一水平面上产生气压差异,存在水平气压梯度,大气由高压区流向低压区的水平运动就是风。这些水平流动的方式的风是驱动天气模

---

① 以下内容由译者补充。

式的一个重要因素。

当天气预报员谈论**大气压力**时,他们所指的压力就是空气对地面的压力。这是由于上方空气的重量造成的,因为地球的重力作用,使得空气和其他物体一样总是朝向地球的。**气压计**是用来测量大气压力的仪器。

我们已经在第十一章了解到,平均海平面高度的大气所产生的大气压力是 10.3 吨每平方米。气象学家们使用毫巴(mb)作为气压的度量单位。在海平面上,标准的大气压力是 1 013.2 毫巴。首先,大气压是随着海拔高度的升高而逐步降低的,而且,随着海拔的继续升高,大气压力降低得越快。在海拔约 5 千米的高度,大气压下降到 430 毫巴;在海拔 10 千米高度,大气压是 265 毫巴;在海拔 20 千米高度,大气压是 55 毫巴;而在海拔 30 千米高度,大气压则仅仅只有 12 毫巴。

商业航空公司飞机巡航路线大约在海拔 10 千米以上时,那里空气密度大约只有海平面处的四分之一。因此,飞机受到大气的压力很小。

大气压的变化对于天气预报来说非常重要。大气压下降意味着云层和降水的可能,反之,大气压上升则是表示晴好天气的可能来临。天气预报员有时会使用**水银气压计**测量大气压力的单位,也就是说,使用毫米汞柱而不是毫巴(如图 13.1 所示)。

水银气压计是一个简单的气压测量仪器设备,它由一个放置于平底盘的水银柱组成。水银柱里的水银高度是开口平底盘上水银的大气压力的函数。这意味着水银柱里的水银高度等于从表面到大气层顶端相同大小直径的大气的重量。在海平面,标准的大气压力是 760 毫米汞柱,这个值相当于 1 013.2 毫巴。大气压的改变将导致水银柱的移动,也就是说,如果当地的大气压减少,水银柱高度将下降,反之,如果当地的大气压升高,水银柱将上升。1 013.2毫巴被称为一个**标准大气压**,物理学家用省略词atm 来表示[①]。

然而,与无液气压计相比,水银气压计很容易破裂,在使用过程中会碰到麻烦。尽管水银

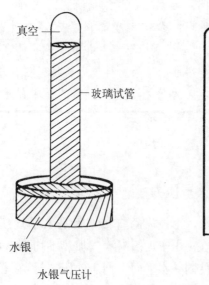

水银气压计

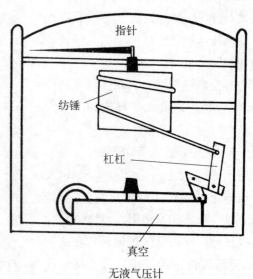

无液气压计

图 13.1　气压计的类型

---

① "标准大气压"是非法定单位,已弃用。1 标准大气压≈101.325 千帕。——译注

气压计能给出精确的测量数据,但是基于真空理论的**无液气压计**或**自动记录式气压计**更方便与携带,也更容易使用。气压计已成为大众普及的仪器设备,并作为人们室内外装饰设备被设计成相当优雅的外观形态。然而,如果你想用它来预测天气,你还需要习惯于每天观测它,而看到的无非就是气压的上升或下降。这不同于观看温度计,即当你观看温度计时就立马知道温度的多少。而对于大气压的上升或下降,它仅仅是给出某一种象征,表示可能有什么样的天气即将来临,但不一定表示目前正在发生什么样的事情。

自动记录式气压计是测量大气压的首选设备。它是由真空金属盒组成,这真空金属盒对于大气压的变化相当敏感。当大气压增加时,金属盒会被压缩;相反,当大气压减小时,金属盒就会膨胀。这种气压计无需使用液体就能工作,而且可以连接到计算机等记录设备。

此外,水平方向上大气压力的差异导致风的生成。这种气压差越大,风就会越强劲。我们把在一定时间内大气压相等的地方在平面图上连接起来所成的封闭线,可以显示大气压在空间上的分布状况。一个地区气象台站上气压计所测量到的气压数据可以被用于设计等压线图,**等压线**也就是气压相等的各点的连线。天气图利用等压线显示气压相等的地方。

所谓**气压梯度**就是给定距离内的气压变化值,它可以由等压线差间距推算出来。等压线间距越密,气压梯度越大,风速也将会越大。反之,等压线间距越宽,气压表示梯度越小,风速也就越小。

气旋与反气旋

气团永远不会停留在一个地方,气团一旦形成,从源地获得了湿度和温度属性后,它便开

始从该地区移向另外一个地方。当气团移动时,它会影响地球表面上大气的稳定性。当气团移动时遇到其他的气团,尤其是具有不同的温度和湿度属性的其他气团,此时,地球上天气变化就会发生了。

气团的形成与分类[①]

气团是指气象要素(主要指温度和湿度)水平分布比较均匀的大范围的空气团。在同一气团中,各地气象要素的重点分布几乎相同,天气现象也大致一样。气团的水平范围可达几千千米,垂直高度可达几千米到十几千米,常常从地面伸展到对流层顶。大气的热量主要来自地球表面,空气中的水汽也来自地球表面水分的蒸发,所以下垫面是空气最直接的热源,也是最重要的湿源。气团形成的条件首先需要有大范围的性质比较均匀的下垫面,广阔的海洋、冰雪覆盖的大陆、一望无际的沙漠等,都可作为形成气团的源地。此外,气团形成还应具备适当的流场条件,使大范围的空气能在源地上空停留较长的时间或缓慢移动,通过大气中各种尺度的湍流、对流、辐射、蒸发和凝结及大范围的垂直运动等物理过程与地球表面进行水汽与热量交换,从而获得与下垫面相应的比较均匀的温、湿特性。

风并不是完全沿着直线从气压高的地区流向气压低的地区。这里科里奥利效应再次发挥作用,它使风转向垂直于等压线的方向或气流的方向。你还会回忆起我们在第九章中提到的,在北半球风是向右偏的,在南半球是向左偏的。

风速也会受到地球表面的摩擦力而改变方

---

① 以下内容由译者补充。

向或减慢速度,同样也会削弱科里奥利效应。换句话说,地表的风向与等压线成近45°,而不是90°。然而,因缺少地表的摩擦阻力,上层大气的风向是平行于等压线的,这就是所谓的**地转风**,即风向平行于等压线,这是科里奥利力和大气中水平气压梯度力相平衡时的结果。也正因为缺乏摩擦力,它们的风速要高于地表的风速。

大气中高气压区域通常称为**反气旋**。由于科里奥利效应,在北半球高压系统,风自中心向外顺时针方向运动。在南半球,风自中心向外逆时针方向运动。反气旋区域气压有自中心向外减少,等高线高值在中心。风从高气压区域吹向低气压区域,也就是从高纬度地区吹向低纬度地区。同时,大气在这些系统的移动也是从高纬度到低纬度。此外,这些系统里的大气从高空下降并带来的气压增加,往往导致好的天气和晴朗的天空。

在一个低压区,或者是一个**气旋**,气压是从中心向外递增的。风暴,我们在第十四章将会更详细地讨论,就是周围大气中的空气在压力差的驱动下向低气压中心定向移动形成的一个低压中心。气旋的等压线几乎是近圆形的,在中心,通常称为**低压槽**。在两个半球,气流向内收敛,空气从一个高压区冲向一个低压区。

气　旋

气旋,可以是一个地区中的一个小型的风暴,也可以是一个巨型的风暴——其大小可以达到数百千米宽的尺度。气旋也可以从很小的开始形成,直至发展形成一个巨大的风暴。

当两个不同性质的气团相遇时(如更加温暖潮湿的气团),气旋就会产生。这个时候,两个不同的气团的边界或前锋的天气现象产生了,其最明显的天气特征是:

- 风向的突然发生转变;
- 天气变化快速;
- 乌云密布并伴随着降水。

四　季

季节形成是由于地球的轴线是倾斜23.5°绕太阳旋转造成的。除非是在赤道或极地地区,地球上大多数地方都有明显的季节之分。在地球绕着太阳旋转一年的时间里,昼夜时间的长短和太阳辐射的热量是有变化的。由于太阳光线在照射地球之前必须穿越地球上的大气层,热量减弱。如果太阳直射地球,此时白天变长,那么很显然,综合热量和日照时数条件,就类似于我们所说的夏天。

举例来说,在美国佛罗里达州,冬天是几乎不明显。生活在北部温带地区人们,经常在寒冷的冰雪季节期间,喜欢到这里享受温暖的天气。如果你去了美国另一个极端地方——北达科他州或缅因州,那里有更明显的夏季和冬季之分。

在这些地方,在夏季的几个月时间里,气温可以高达35℃,而在冬季的几个月时间里,气温却可能只有零下15℃。在这些北部地区,夏天的出现也可能显得更加短暂,而冬天出现的时间可能会比在低纬度的州更长。

在北部温带地区,我们认为春天大约从3月21日开始,夏季是从6月22日(夏至日,或一年中最长的那一天)开始,秋季是从9月23日开始,冬季是从12月21日(冬至日,或者是一年中白天最短的那一天)开始。对于那些曾经经历过四个季节的北部温带地区的人来说,很明显的是,天气并不总是遵循这一预测规律的!

在低纬度地区,比如像印度这样的地区,风和海洋决定了大部分的天气,那里,人们可能会忽视这四个季节的名称,转而谈论的是"湿季"或"干季"。

全球大气环流

现在我们来看一下全球尺度的大气运动（如图13.2所示）。与区域尺度的大气运动的影响因素一样，全球尺度的大气运动也同样受太阳辐射加热不均匀和科里奥利效应影响。在这里，为了将这两个影响因素区分开来，我们可以事先假设地球不会转动。

一个没有旋转的地球它只受太阳加热不均的因素影响。在这种情况下，一个简单的大气环流系统（流体热力环流）就建立起来了。在赤道地区因极端受热引起热气体上升，当这个不断上升的大气团达到对流层顶（地球大气层最低层的顶部）时，由于受到对流层顶的限制，这气团就作为一个上层风在高空开始流向极地地区。

而在极地区域，大气受到冷却下沉，下降到地球表面。这样，在地球表面，大气流向赤道。然后，在赤道地区这个过程又重新开始受热并上升。这样，如果一个观察者站在太空从远处观看，可以看到有两个镜像般的**大气环流**，也就是大气热力环流，它们南北半球各有一个。大气热力环流把大气从赤道附近地区传输到极地低地区的上空，然后又把极地地区近地面的大气传输回到赤道地区。

这些大气环流在每个半球形成了4个气压带。每个半球各有两个低压带，一个在赤道地区；另一个在副极地地区。在这里，因大气是从内向外流向高空，云层和降水在这里占据支配地位。另外，在两个半球的亚热带和极地地区也形成两个高压中心，在那里大气下沉并向外流向地表。

当一个气团形成时，它会随着发源地的变化呈现出特定的性质。气团是以其形成的发源地来命名的，这主要是由于其具有一定的温度和湿度，但当气团移动到其他地区时，气团会发生变性。

在赤道附近的上升气流所形成的气压带与

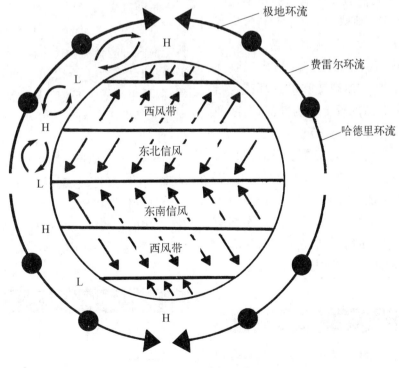

图13.2　大气环流

普遍存在的降水密切关联,称为**赤道低压**。在地球表面上,热带雨林就发现在赤道地区。在南北半球大约 20°～30°纬度之间,上层气流开始冷却并下沉到地面,这样一个副热带高压中心便在这里形成了,而且空气非常干燥,形成炎热和干旱的地表条件。这就是为什么在世界各地绝大多数沙漠分布被发现在这个纬度带上。

在全球范围内,气团的上升和下沉,结合科里奥利效应,能产生稳定模式的风。大气从副热带高空移动,朝向东偏离,因此这里向东流动(信风)就占主导地位。而风从副热带高压向极地方向的移动产生偏离的方式也建立了盛行的西风,即一个稳定的**西风带**。

位于地球赤道以南或以北 50°～60°纬度之间的地区是副极地低压。这里的气流是向东的,形成了稳定的**极地东风带**。这些风产生在高纬度极地高空地区,那里寒冷干燥的大气下沉并流向地表。

不幸的是,在现实生活中,全球范围内风的流动的情况,要比我们假设的地球静止不动的模型要更复杂得多。地球的旋转引起科里奥利效应,使得大尺度的大气环流被分成一系列复杂的小的大气环流。在每个半球形成三圈环流:哈德里环流、费雷尔环流和极地环流。**哈德里环流**圈是指赤道附近上升的气流,向南和向北方向移动,直到南北纬 30°左右开始下沉,然后这些气流向赤道返回;**费雷尔环流**圈是由在南北半球约纬度 30°地方的高压带组成的,该圈内气流在向着极地方向移动,直到南北纬 60°左右的低高压带提升气流;**极地环流**发生在南北纬 60°～ 90°,它们的特点是,在两极地区高压气流下沉,而在南北纬 60°地方低压气流上升。

三 圈 环 流[①]

为了简化研究,地理学中假设大气均匀的在地表运动,将大气运动分为三圈环流(指一个

半球)。低纬环流由于赤道地区气温高,气流膨胀上升,高空气压较高,受水平气压梯度力的影响,气流向极地方向流动。又受地转偏向力的影响,气流运动至北纬 30°时便堆积下沉,使该地区地表气压较高,又该地区位于副热带,故形成副热带高压。赤道地区地表气压较低,于是形成赤道低气压带。在地表,气流从高压流向低压,形成低纬环流。中纬环流和高纬环流在地表,副热带高压地区的气压较高,因此气流向极地方向流动。在极地地区,由于气温低,气流收缩下沉,气压高,气流向赤道方向流动。来自极地的气流和来自副热带的气流在 60 度附近相遇,形成了锋面,称作极锋。此地区气流被迫抬升,因此形成副极地低气压带。气流抬升后,在高空分流,向副热带以及极地流动,形成中纬环流和高纬环流。

风使气团产生移动,并与其他性质不同的气团相遇,产生了锋面,引起各种天气的变化。

长期以来,通过人们的口传或其他船舶的航行日志的方式,船员们了解到在地球的某一特定地区可能会出现什么样的天气和风向。今天,我们已经有了历史记载的风向、气团和天气,以及更具体的气象学科学知识。这样,基于多年的科学研究和每天每小时的测量记录,我们可以预测在某一个特定的区域和某一特定的时间里将会发生什么样的天气。我们现在都在关注着天气报告,这就足以说明气象学家已经可以告诉我们将要发生什么的天气、风向的变化、气团的移动等。可以说,了解掌握天气变化的模式已经成为我们事实生活中的一部分。

风速与风向的测量

风杯风速计和气象风向标,是用来测量风

---

① 以下内容由译者补充。

速和方向的两个仪器。**风杯风速计**是这样一个设备，它主要由 3 个风杯和 1 个旋转轴组成。这 3 个风杯被设计成与风速成比例的速度旋转，其测出的数据可以从仪器发送到指示器仪表上或输入到计算机里。气象风向标是一个由指针和鳍状物组成的风向标，这个指针总是指向风吹的方向（如图 13.3 所示）。例如，东风是从东吹向西的。根据罗盘上指针的角度给出风的确切风向：即 0°相当于向北、90°等于向东、180°等于向南、270°等于向西等。

小 结

我们一直以来都认为地球的大气和环流模式是可以预测的。然而几个世纪以来，这些信息却是主要通过人们口传和船舶日志流传下来的。今天，人们通过深入的科学研究，以及借助现代科技，气象学家已经确定了全球环流模式、大气压，以及掌握如何预测全球气候模式。

大气压的变化形成了风。而这些大气压差异是由于地球表面受热不均等造成的结果。大气压是用毫巴单位测量的，大气压随着海拔高度的升高而迅速降低。

气象学家使用等压线来测量大气压和大气压的变化，进而用此来预测天气模式。大气中气压高的区域称为反气旋，它通常意味着晴朗的天气。反气旋在北半球以顺时针方向移动，而在南半球则以逆时针方向移动。

在低压系统或气旋中，中心称为低气压，等压线是自从中心向外递增的。气旋通常在全球范围内移动，并从较低纬度地区移向高纬度地区，其特征就是气团上升，气压下降，并产生了多云天气。

全球大气环流同时受到太阳辐射加热不均匀和科里奥利效应的综合影响。低空上层温暖的气流从赤道移向两极，然后近地面的大气又从两极循环流回赤道。这些大气环流在每个半

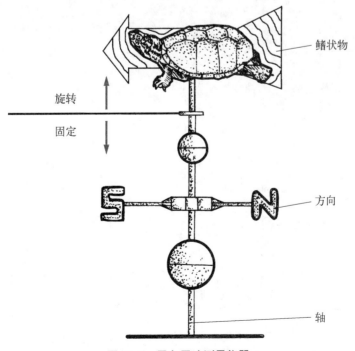

图 13.3 风向风速测量仪器

球形成了 4 个气压带。每个半球各有两个低压带,一个在赤道地区;另一个在副极地地区。在这里,因大气是从内向外流向高空,云层和降水起着支配地位的作用。而在两个半球的亚热带和极地地区也形成两个高压中心,在那里大气下沉并向外流向地表。

在全球范围内,气团的上升和下沉,结合科里奥利效应,能产生稳定模式的风。大气从副热带高空移动,朝向东偏离,因此这里向东流动(信风)就占主导地位。风从副热带高压向极地方向移动建立了盛行的西风带。副极地低压位于地球赤道以南或以北 50°～60°纬度之间,这里的气流是向东的,形成了稳定的极地东风带。这些高纬度的风产生于极地高空地区,在那里寒冷干燥的大气下沉流向地表。

了解这些全球环流模式意味着气象学家可以准确地预测某些天气模式。尽管有时可能当他们预报是下雪时,但实际上是下雨,或者当他们预报天空是多云时,却是小雨。总而言之,掌握大气压和全球大气环流循环能帮助我们知道一周内将会发生什么样的天气,无论我们生活在哪里。

风　暴

天气事件

人们总会被风暴深深地吸引着。风暴主要是由两种性质截然不同的气团相互作用引起的。但是对于那些见过风暴的人们来说,它们常常是不可预测的、激动人心和令人难忘的。看着一个漏斗云降临在地球上,以及经历过强度飓风,相信你永远不会忘记。强烈的风暴常常伴随着大风、冰雹和闪电,这使得它们更加激动人心。在这一章节里,我们将集中探讨这些风暴形成环境和条件,以及了解这些天气系统是如何影响着我们的地球。

气团和锋

气团是定义为具有相似的温度和湿度的空气团块。气团可以是一个巨大的空气团块,其水平范围可以达到 1 500 千米,厚度可达几千米。一个单一气团的影响范围可以达上千甚至几百万平方千米的区域,而且时间也可以长达几天。如果一个地区通过一个大的气团并在其控制下,天气一般不会发生很多变化。

当大气底部部分缓慢经过一个地区时,如果有足够时间发展形成一致的温度和湿度,这样一个气团就形成了。我们根据气团的发源地来命名气团的名称。例如,如果一个气团生成于海洋就称为**海洋气团**,如果它是在陆地上形成的就称为**大陆气团**。此外,根据发源地的纬度可以进一步进行分类。如形成于温暖低纬度地区的气团称为**热带气团**,形成于寒冷高纬度地区的气团就称为**极地气团**。这样,综合这些特征(海洋—陆地和低纬度—高纬度),气象学家定义了常见的四种类型的气团:热带大陆气团、热带海洋气团、极地大陆气团和极地海洋气团。

气团的类型

热带大陆气团——形成于低纬度大陆地区
热带海洋气团——形成于低纬度海洋地区
极地大陆气团——形成于高纬度大陆地区
极地海洋气团——形成于高纬度海洋地区

锋

当两个起源地不同的气团相遇时,这两个气团之间的边界会形成一个扰动地带,称为**锋**。锋的边界相比于大范围的气团来说,显得很狭小——可能只有不到 200 千米的宽度。通常,由于其中一个气团比另一个气团冷,温暖的气流倾向于爬升到冷气团之上。这样,冷而密度较大的气团的作用,就很像一个楔子,使温暖且密度低的大气向上爬升。

如果暖气团移进一个地区，并取代曾经是受冷气团的情况时，此时它们之间边界称为**暖锋**。气温上升和卷云的出现通常表明暖锋的开始。当暖锋前移时，首先是卷层云，随后是高层云的形成。而与中等大小的降雨或降雪有关的浓厚层云和雨层云，则在锋的前头就出现了。暖锋穿越一个地方的过程是相对缓慢，它们的特点是，暖气团是以较小的倾斜角度爬升在冷气团上面。

当较冷的气团取代暖气团原有占据的地方时所形成的锋称为**冷锋**。通常冷锋的天气的变化要比之前提到的暖锋激烈得多。这部分因为要归于冷锋本身的倾斜度。换句话说，当暖空气被冷空气垂直推到一边时，形成的锋面比较陡峭。冷锋移进来时，气温便急速下降，高大的积雨云就形成。冷锋过境时，降水和大风可能是强烈的，但一般只持续了很短的一段时间，因为冷锋过境后的冷气团控制时，便带来了晴朗的天空。

另外，还有两种类型的锋也可能会发生，它们在性质上通常会更复杂些。当两个气团相遇时，出现气流几乎是平行于冷气团和暖气团中间产生的锋，此时，**静止锋**便形成了。在这种情况下，锋的位置相对于地面，几乎是不动的。

有时候，当冷锋赶上或超过暖锋时，形成了所谓的**锢囚锋**。当两个合并的冷锋有效地消除了暖锋时，温度下降。然而，另外一种情况也可能会发生，即暖锋超过冷锋，此时温度可能上升。其带来的结果通常是锢囚锋前是一个削弱的天气系统或风暴。

雷 暴

强烈的大风、冰雹、大雨、闪电和打雷是**雷暴**的特征。雷暴的发生是与冷锋开始时形成的积雨云联系在一起的。这种积雨云能爬升到海拔 12 千米的高空，到达平流层的底部（对流层顶上面的大气层）。当温暖和潮湿的空气突然被推向高空时，就触发了雷暴的形成。它们通常出现在一天较晚的时候，因为下午时地面受太阳辐射加热有助于气流上升。对于任何一个特定的区域，大多数雷暴持续的时间一般不超过 30 分钟到 1 个小时。据估计，在任何一个时刻，全球各地大约有 2 000 个大雷暴发生。前面我们已经讨论了风、冰雹、雨等天气现象，但闪电和打雷是雷暴的重要方面。理解雷鸣和闪电对你的安全是很重要的，而且它们也是雷暴系统里引人注目的部分。

闪电几乎总是雷暴的一个标志。古希腊人把闪电与宙斯联系起来。根据古代的传说，宙斯是众神之王，雷电就是宙斯投掷向地球的。今天，我们知道闪电来自积雨云发展时形成的被分离的带电电荷。当冰晶颗粒和雨滴个体之间相互摩擦，便会引起了云层底部带上负电荷，云层顶部带上正电荷。在闪击放电之前，这些电荷可以产生数百万，甚至上亿伏特的电压。虽然这个过程到目前为止还没有完全被人类所理解，但已经知道的是这些云层里水滴的移动造成的。闪电有几种类型，其中，**云地闪电**是最危险的，在美国每年有超过 100 人因雷击身亡。一个单一的闪电可以携带一个超过 2 亿伏特的电压。由于地球的表面可以带正电，而积雨云的底部是带负电，因此当闪电发生时，电流可以从云层发送到地面。在其他情况下，闪电也可以在电荷相反的云之间移动。这种**云间的闪电**是最常见类型的闪电。

你所能观察到的最令人印象深刻的闪电类型是**叉状闪电**，即闪电会呈现出一个分支的外观。在多数情况下，你甚至可能不会注意到有闪电发生，因为云层和雨有可能挡住了你的视线。我们系指这是薄层的闪电，尽管我们还不明白这种闪电本身，但我们仍然指出正由于闪电的闪光照亮了天空和云层。

雷声是闪电的一个副产品，闪电是电流穿过大气层，声波则是这些电子与空气分子碰撞时产生的。声音很大是因为闪电加热了空气，导致空气急速扩张，然后又收缩，其结果就是造成空气分子间的猛烈碰撞。这些碰撞产生的声波从闪电的地方传播开来。

闪电的距离可以由随后所听到的雷声来判断。声音在低层大气中移动的速度大约是1.609千米（1英里）每5秒。因此，你可以通过简单的方法，通过计算闪电后听到雷声的时间间隔来估算闪电到底离你有多远。再把这个数字除以5，就可以知道你和风暴之间的千米（英里）数。通常我们在雷暴发生时会听到一声隆隆的声音，那是因为发生在一个广阔区域上的一个个闪电中，并不是所有的闪电所发出的雷声会在同一时间传到我们。

雷暴的形成

雷暴的形成需要有3个条件：

- 在中低层空气要潮湿；
- 要有不稳定的大气条件——近地面大气上升持续发生着；
- 抬升力，或者大气抬升过程，如近地面加热。随着空气变暖且变得更轻后，空气被抬起。正在发展的冷气团迫使温暖的空气上升，也会引发雷暴。空气上升进入雷暴称为上升气流，龙卷风就是形成于雷暴的上升气流。

龙卷风

龙卷风是一种范围比较小，但非常强烈的气旋风暴。龙卷风的特征就是风力非常强大。龙卷风通常是沿着冷锋面形成的，并与强烈的暴风雨有关。龙卷风的风速可以超过每小时400千米。仅在美国，每年引发的龙卷风就超过1 000个，并且造成每年平均80人死亡和1 500人受伤。在极端的情况下，一个成熟的龙卷风可以劈开几乎为2千米的路径，延伸的长度可达80千米。

幸运的是，并不是所有的雷暴都能形成龙卷风。事实上，只有不到百分之一的雷暴会生成龙卷风。

尽管龙卷风可以发生在一年中的任何时间，在美国南方各州，龙卷风发生的高峰期是在3月和5月（如图14.1所示），而北部各州龙卷风发生的高峰时间要稍微晚一点，是在夏季的几个月时间里。龙卷风的平均移动速度介于30~80千米/小时，一般只持续大约5分钟时间，然而它可以摧毁大约150米宽的路径。

积雨云是龙卷风出生的地点。狂风在这种云层里发展形成一个漩涡，或者一个旋转的**气流柱**，并且这个气流柱可以从云层达到地面。这些巨大的云系里，漩涡里的气压要远远低于它外面的空气的气压。漩涡外面的所有空气，或者我们称为旋转球或漏斗云，冲进漩涡时，会吸入各种残骸（如拖车、房屋、树木，以及途径路径上遇到的其他任何东西）。这些残骸就被卷入了积雨云的漩涡中。这就是为什么龙卷风过后，人们常常会在一定距离的地方发现人、动物和其他物体，但有时候也会安然无恙，这主要是由于它们在原来地方被狂风举起后掉下或从它们的起始点旋转开来。

随着空气进入低压中心、水被冷凝出来，形成一个漏斗状云。通常这个漏斗状云向着地面发展。然而，即使漏斗状云没有到达地面，也就是说即使漏斗状云还未发展起来，其风面也可能象征着龙卷风的出现。从地上卷起的碎片残骸有助于形成黑暗漏斗状云。如果没有东西被卷入，则龙卷风有时候会呈现出白且浑浊的着色。在某些情况下，当地面是红色的黏土，龙卷风就可以卷起红润的灰尘，此时的龙卷风会出

龙卷风走廊

图 14.1　龙卷风途径图

现可怕的红色色调。

　　美国的龙卷风通常出现在位于这个国家心脏地带的 10 个州,即从德克萨斯延伸到内布拉斯加州。尽管在美国大多数地方会出现强度不同的龙卷风,但这些州已经出现过 5 级龙卷风(见下一个页面的图表)。尽管佛罗里达州的龙卷风通常都很弱,但出现在佛罗里达州的龙卷风与其他在俄克拉荷马州的龙卷风都一样常见。

美国龙卷风走廊[①]

　　龙卷风走廊地带从落基山脉延伸到阿巴契山脉,平均每年这里会形成 1 000 次龙卷风,风速则达到 500 千米/小时,沿途经过的农田、房屋、人和牲畜都被摧毁殆尽。俄克拉荷马城和塔尔萨之间 44 号州际公路沿线被称为"I-44 龙卷风走廊",这里居住的 100 多万居民已经习惯了每年的龙卷风季节。每年春季,当来自落基山脉的干燥冷空气经过这片低地平原,与来自墨西哥湾沿岸的潮湿热空气相遇,龙卷风便如期而至。

　　预报龙卷风是相当困难的。日本的一位科学家,藤田博士(1920—1998 年),被称为"龙卷风侦探",他发明了一台机器,包括一组旋转的杯子,这种机器迫使空气非常迅速地向上移动。他还提出了一种用于测量龙卷风强度的藤田等级方法。

　　藤田博士创立的藤田级数或"F"等级,用于比较龙卷风的破坏性力量,从而对龙卷风进行分级。F 等级的排序只有在对损失进行评估后才划分的。

藤田等级表			
等级	风　速	破坏程度	破坏描述
F0	64～115 千米/小时	轻度破坏	刮断树枝;拔起浅根树木;破坏路标、交通信号灯和烟囱。
F1	116～179 千米/小时	中度破坏	掀翻屋顶材料及塑料板壁;可以轻松毁坏移动房屋,使之脱离地基或倒塌;可将行驶的汽车刮离路面甚至掀翻。
F2	180～251 千米/小时	较严重的破坏	连根拔起大树;摧毁活动住房;刮走整个屋顶;掀翻火车车头和大货车;小物件变成危险发射物。

_____

① 以下内容由译者补充。

续 表

等级	风 速	破坏程度	破坏描述
F3	252~329 千米/小时	严重破坏	森林中大多数树木被连根拔起；掀翻整列火车；拆散房屋的墙壁和屋顶。
F4	330~417 千米/小时	毁灭性破坏	房屋和其他小型建筑被夷为平地；汽车被抛向空中。
F5	418~508 千米/小时	极度破坏	汽车在空中横飞；房屋在被拔离地面并被吹走后完全摧毁；钢筋混凝土建筑遭到严重损坏。

一探究竟 14.1 瓶子里的龙卷风

对于这个实验，你将需要两个容积 2 升大小的空塑料碳酸饮料瓶子、胶带、剪刀和一支铅笔。其中一个瓶子装满半瓶水，并且用胶带封住瓶口，并用铅笔在胶带中心戳一个小洞口。弄平胶带，然后对准第二个瓶口使两个瓶口成一条直线。

接着把瓶颈上的水弄干，然后用胶带包裹瓶颈，并确保它们紧紧地缠绕在一起。现在，翻转着瓶子，使装有水的瓶子在顶部。拿住瓶颈，并平行于地面顺时针快速转动瓶子。然后把它们树立起来，放置在桌上，它们仍然还是缠绕在一起，使空瓶子在下面。你可能还需要用一只手握住瓶子以防止它们跌倒。

此时你可以观测到，水以漏斗形状旋转着，并从顶部瓶子流向底部的瓶子。水移动穿过小洞类似于龙卷风的螺旋尾。水的移动归因于几个力量的作用，就像龙卷风的一样。

彩色的龙卷风——尝试着在水里添加

5.68厘升(2 盎司)的彩色植物油。由于植物油的密度要比水低，因此油将浮在水面上。当油和水一起旋转，密度较低的油会首先流入漩涡里，起到给龙卷风着色的效应。这个实验也可以用彩色的泡沫浴珠来完成(这可以认为相当于是被卷入龙卷风里的碎片残骸)。

众所周知，龙卷风会带来一些不可思议的事情，同时也会造成巨大的破坏。1931年，一场龙卷风将一个重达 83 吨的铁路旅客车厢和 117 名乘客卷入空中达 24 米，然后掉进一个水沟中。1939 年，在乔治亚州一个公寓的顶层上，一名坐在装满水的浴盆里的学生，连同书籍、衣服、家具等被龙卷风卷起，并跌进远处一个街区的厚厚的灌木丛上，也正由于有这个厚灌木丛的缓冲，使这名学生虽然失去了牙套，但她还能带着伤口和擦伤走开。

一个强大的龙卷风也能夺走许多人的生命，并造成难以置信的破坏。1974 年 4 月 2 日—3 日，有 148 个龙卷风袭击了从加拿大到乔治亚州一带的地区。这就是被广为所知的超级龙卷风，造成死亡人数超过了 300 人，损失超过 600 万美元，堪称半个世纪以来最糟糕的风暴。

龙卷风也可以在地面任意方向移动，以至于我们可能永远也无法知道它们下一个将会袭击哪个地方。现在**多普勒雷达**的出现，使得在技术上可以探测到一个强烈的旋转系统的最初形成及其后续的发展。因此，多普勒雷达技术可以为我们提前警告龙卷风的发生以及即将袭击的地方。尽管很难预测龙卷风的形成时间和可以遵循的确切路径，但是现在人们已经可以在龙卷风来临时，有足够时间寻找庇护。

多普勒雷达如何辅助天气预报

多普勒雷达又命名为多普勒效应,是多普勒在 1842 年发现的。所谓多普勒效应,就是当声音、光和无线电波等振动源和观测者以相对速度相对运动时,观测者所收到的振动频率与振动源所发出的频率的变化。当振动源与观察者相互靠近时,观测者所收到的振动频率增加;当振动源与观察者相互离开时,观测者所收到的振动频率减少。振动源的移动会导致振动频率的真实变化,而观察者的移动则仅仅产生振动频率表面上的变化。

后来,科学家把多普勒原理应用到天气雷达。当声波从雷达天线传播开来时,它们可能会碰到传播路径上的物体,如尘埃颗粒或冰晶。如果它们接触到的对象,正在远离雷达,声波反射回来时频率会减少(即在一定的时间内,反射回来的波更少)。如果它们接触到的对象正朝着雷达靠近,反射回来的频率会增加。利用多普勒雷达,气象学家可以得到一幅降水图,这样使他们能随着时间跟踪风暴的进展。

飓 风

飓风是风速超过 119 千米/小时的热带气旋风暴。飓风是所有热带风暴发展过程的最高等级。它们可能一开始是简单的热带扰动,也就是只不过是个缺乏组织的雷暴。这些风暴总是在海洋上形成,即在海洋温度超过 25℃洋面上的温暖潮湿的空气上形成(如图 14.2 所示)。

飓风被描述为热引擎,它是以空气中的水分大量冷凝释放出的潜热为动力的。这种热的作用就是使空气变暖,从而导致它盘旋进入到大气中。

当风的传播速度开始达到每小时 37～63 千米时,一个**热带低气压**,即低强度的风暴就形成了。如果风速增加到每小时 64～117 千米,就称为**热带风暴**。热带风暴的名字是由国家飓风中心命名的。一旦风速达到每小时 119 千米以上时,热带风暴演变成为飓风,有时也称为"台风"。

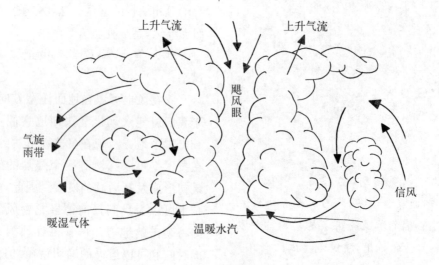

图 14.2　飓风

飓风与台风的区别①

台风和飓风都属于北半球的热带气旋，只不过是因为它们产生在不同的海域，被不同国家的人用了不同的称谓而已。在北半球，国际日期变更线以东到格林尼治子午线的海洋洋面上生成的气旋称为飓风，而在国际日期变更线以西的海洋上生成的热带气旋称为台风。一般来说，在大西洋上生成的热带气旋，被称作飓风，而把在太平洋上生成的热带气旋称作台风。

平均而言，飓风的直径大约有 600 千米，呈螺旋上升，并伴随着陡峭的气压梯度。圆形的积雨云在飓风中心形成一个环形，称为**眼墙**。最严重的大风和强降雨都出现在这个环形周围。在飓风的基底，风是向内并漩涡向上，然后在风暴的顶部远离中心出去。风暴顶部可能在海拔 12 000 米的高空上。在北半球，飓风是逆时针旋转的，并有一组显著的螺旋臂延长远离风暴中心。在飓风的中心是**飓风眼**，它是一个相对平静的地区，平均直径约 12 千米。由于需要温暖的水分条件，飓风一般在夏末季节形成，并且只有在地球纬度 20°范围内。不过飓风形成地方的纬度不会小于 5°，这是由于科里奥利效应影响的缘故，因为飓风的旋转需要一个初始的启动，但在纬度小于 5°的地方科里奥利效应太弱了。一旦飓风穿过凉爽海洋水域或陆地，它的强度会迅速减弱。这是由于缺乏温暖潮湿空气的环境，而飓风这种巨大的漩涡是需要温暖潮湿环境来驱动的。

基于飓风造成的潜在损坏建立的"**萨菲尔-辛普森飓风等级**"，是将飓风分类为 5 级。这是由美国工程师 Herbert Saffir 和美国国家飓风中心主任 Bob Simpson 博士在 1969 年创建的飓风等级体系。

萨菲尔-辛普森飓风等级

类型	等级	受害程度	风速 （千米/小时）	浪高
飓风	1	轻微	119～153	1.2～1.7
飓风	2	中等	154～177	1.8～2.6
飓风	3	较大	178～209	2.7～3.8
飓风	4	极端	210～249	3.9～5.5
飓风	5	灾难	大于 249	大于 5.5

飓风所带来的最具破坏性之一就是风暴潮，也就是与风暴相关联的海平面上升。随着飓风低压眼壁引起的风暴潮可以达到 1.5 米，甚至超过 6 米。在飓风登陆前，大多数的人员死亡和财产损失是由这种风暴潮引起的。孟加拉国三角洲地区，其中大部分地区海拔高度都不到两米。在 1970 年的一次风暴潮中，因叠加涨潮，造成潮水泛滥成灾。官方公布的死亡人数达 20 万人，但是非官方估计的死亡人数则高达 50 万人。

人们很容易理解，飓风会严重影响着途经路径上的人类和财产。1992 年，安德鲁飓风横扫西北巴哈马群岛，南佛罗里达半岛和路易斯安那州中南部。这次飓风在美国造成的损失估计有近 250 亿美元，是美国历史上损失最严重的自然灾害。安德鲁飓风为 4 级飓风。但这场风暴直接导致了 15 人死亡，在 100 万人口中有多达 1/4 的人无家可归。这主要是因为在佛罗里达州 30 多年来从没有经历过这么强的风暴，安德鲁飓风告诉整整一代的佛罗里达人应急准备的重要性。

另一个主要的风暴，即米奇飓风，是有史以来袭击中美洲最强大且最具破坏性的风暴之一。在 1998 年，整整两天的时间，这场飓风的风速一直维持在每小时 290 千米，整个地区都

---

① 以下内容由译者补充。

下着大暴雨。即便风暴移至内陆,暴雨造成了灾难性的洪水和山体滑坡。那些沿着主要河流居住的人们,因大海洪水上涨和河岸崩溃而被卷走。米奇飓风不仅造成巨大的破坏,同时带来了巨大的雨量,它在短短数天的时间内就降下相当于全年的平均雨量。据估计,在这场风暴中,有 5 660 人死亡,12 270 人受伤,并有超过 8 000 人失踪。所有的道路、桥梁、水利系统、能源和电信系统均受损,甚至被毁灭。

像安德鲁和米奇这样高强度的飓风毕竟是罕见的。应急准备可以帮助我们在当这些风暴会袭击时拯救我们的生命。但当这种凶猛的暴风雨登陆时,几乎是无法减少它所带来的影响。大规模的洪水、山体滑坡、风暴潮,甚至可能会永远改变地球上的陆地景观。

小 结

我们的生活经常不断地受风暴的影响,包括雷暴、风、雨、冰雹、龙卷风和飓风,因此预测和了解驱动这些风暴的各种因素能帮助人类更好地保护他们的财产和生命。有时,风暴可能达到这样的规模,甚至地球的景观被永久性地改变,因此有些时候,虽然我们能预测到一些风暴,但无法阻止它们所带来的影响。

天气系统是由不同性质的气团所触发的,形成于世界上的不同地区的气团都有可能会在任意一个地方相遇,从而产生锋。当两个不同起源的气团相遇时,它们之间的边界便形成一个锋。不同情况的锋的形成,取决于气团是暖气团或冷气团。通常,暖锋经过一个区域要比冷锋相对的缓慢。

冷锋形成于当冷气团取代原来暖气团占据的地方的情况。通常,冷锋会带来更多的激烈天气。静止锋发生是在两个气团相遇时,气流几乎平行于它们之间所形成的锋。这是一个缓慢移动的天气系统。当冷锋赶超过暖锋时形成了锢囚锋,可以有效地消除削弱的暖锋。

雷暴源自冷锋开始时形成的积雨云。它们是在温暖和潮湿的空气被推向天空中时触发的。闪电几乎就是雷雨的标志。有几种类型的闪电,包括云地间的闪电、云层内部的闪电、云间的闪电和叉状的闪电。打雷是闪电的副产品。闪电是电子流穿过空气,声波的产生是当这些电子与空气分子碰撞时所发出的。

龙卷风是小型的,有强烈的气旋风暴,并伴随着强风。飓风通常是沿着冷锋形成的,并与雷雨有关。龙卷风通常搞突然袭击,事先没有任何预警,因此会带来生命丧失、身体伤害和财产损失。但现代有些先进天气预报技术,比如多普勒天气雷达,能有助于减少人员的伤亡。当这些无法预知的龙卷风出现时,现在人们可能已经有足够的时间来寻找掩护。

龙卷风等级是用藤田等级来衡量的,范围可以从能引起树枝和标牌倒下的 F1 级到造成巨大财产损失的 F5 级。

飓风是一种热带气旋风暴,它通常需要更长的时间来积蓄能量,从而也使人们有更长的时间来做准备和寻求安全地点。然而,这些飓风仍然是个具有毁灭性的风暴。随着越来越多的人沿着海岸线建造建筑物,这将会造成越来越多的财产损失。用于衡量飓风等级的萨菲尔-辛普森飓风等级,它是建立在基于风速和风暴潮造成的潜在损害基础上的。

龙卷风可以将树木连根拔起,吹倒房屋和其他建筑物,飓风可以改变地球景观,造成大洪水和山体滑坡,当我们有更加先进的预测天气模式时,我们常常能够阻止人们在这些严重的风暴系统中所带来的生命丧失和身体伤害。不过有时候它们对地球表面景观的影响是永久性的,是人类无法控制的。

行星科学篇

行星科学简介

行星科学与地球科学

我们在前面章节中所学的有关地球科学的
知识都可以将其应用于在太阳系中发现的其他
行星中。就如我们将地质学原理、海洋学和气
象学等应用于我们的地球一样,我们同样也可
以将这些原理用来研究其他行星。也就是说**行
星科学**同样需要地球科学的相关理论和原理,
并应用这些原理来研究整个太阳系。

不仅地质过程塑造着其他的行星,在某些
情况下,海洋学和气象学的知识也能加以应用。
例如,火星在很久以前可能就曾经有过湖泊和
海洋,木星的卫星冰壳下现在也可能存在地下
海洋。其他一些行星上也有大气——尽管它们
与地球上的大气不太一样,如从火星上厚厚的
云层到布满灰尘的火星大气,或者是木星的条
纹云层以及海王星上的蓝色大气。

类地行星和类木行星

包括地球,总共有 9 个行星轨道环绕着我

们的恒星运行,这个恒星就是太阳。我们把这
些行星自然地分成两组:那些最靠近太阳的行
星称为内行星,而那些离太阳较远的行星称为
外行星(如图 15.1 所示)。

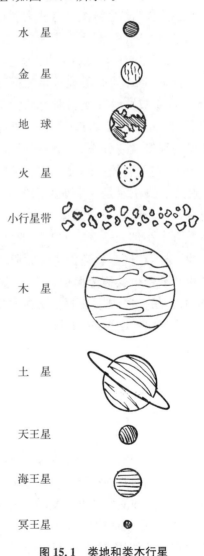

水 星

金 星

地 球

火 星

小行星带

木 星

土 星

天王星

海王星

冥王星

图 15.1 类地和类木行星
(注:图示大小不按比例)

内行星也被归类为**类地行星**,这是因为它们有着和地球类似的固体表面(拉丁文"*terra*",表示土地的意思)。它们是一个相对小的世界,而且大多位于更接近太阳的地方。因此,这些行星都经常被称为类地行星或岩石行星。类地行星包括水星、金星、地球和火星。

相比之下,外行星则是个大的世界,它们大多是由气体构成的。这些行星有许多卫星或天然小星体(围绕着行星的小的陆地物体)。它们通常被归列为**类木行星**(这主要是得名于木星,因为木星是这一类型行星的最大成员),但是它们有时候也被称为气态巨星。这些大型且为气态的世界包括木星、土星、天王星和海王星。

其中,冥王星是比较独特的,因为它既不是一个类木行星,也不符合类地行星的标准。冥王星于1930年被发现,它曾经被称为太阳系的第9大行星。但自从那时起,天文学家也都一直在质疑是否将其划分作为一颗外行星,因为从体积上说,它具有较小的尺寸且有类地行星的一些特点。冥王星是一个小型的冰冷世界,它的直径甚至小于地球的卫星月球。最近,还发现有数百个小冰块——均小于冥王星,它们与冥王星一样,在同一轨道围绕着太阳。这个冰冷的小行星带也被称为**柯伊伯带**,而冥王星则是其中最大的一个成员。冥王星在成分上也不同于在火星和木星之间轨道运行的一些小行星岩石带。

陨石坑

我们将在下一章再详细研究类地行星,关注地质过程形成的各种特征。火山作用和构造运动在行星表面的演变过程中发挥了重要的作用。此外,因行星表面侵蚀引发的均夷作用也具有同等重要的作用,这些引起表面侵蚀的作用包括流水作用、风化作用、冰川作用,以及重力作用等。我们的地球因为这些因素的共同作用而发生了重大的变化,同样,也是因为这些因素的作用,使太阳系发生了重大的变化。众所周知的陨石坑,可以说是最常见的改变星体表面的加速剂。所谓陨石坑,就是从太空降落行星表面的**陨石块**,甚至是小行星撞击类地行星表面而形成的凹坑。事实上,在太阳系里的类地行星上要想找到没有这种坑洞景观,倒是一件罕见的事情。

相对于其他行星,地球表面似乎已经相对摆脱这些来自地球之外的坑洞。其实这种说法是容易引起误解的。在我们地球的早期历史过程中,陨石和小行星也曾经猛烈地撞击着地球,就像它们撞击其他星球一样。然而,也就从那时起,地球上其他地质作用已经相当的活跃,正是这些地质过程消除了曾经留在我们地球表面上的大部分陨石坑的痕迹。

我们通过望远镜随意一瞥月球上的陨石坑,就会发现,在月球上这种陨石坑几乎是多得数不清的。陨石坑的范围也从盆地大小到规模小于100米的洼地,这些小的陨石坑用普通分辨率的望远镜是无法看见的。所有的陨石坑都是来自太空的流星或大块太空岩石撞击形成的。在撞击过程中,会在撞击地点和陨石内部生成两个冲击波。其中一个冲击波传递到陨石上并彻底毁灭陨石。另一个冲击波穿过星球的表面,压缩岩石和沉积物。当星球表面压力减除或者反弹时,物体就向外喷射,形成的凹洞就称为陨石坑,而那些被扔出坑洞的物质(所谓的**喷出物**)则会在陨石坑周围形成沉积物,称为**喷射覆盖物**。

陨石坑根据其大小可以分为3类。其中,最大的陨石坑称为**陨石盆地**或撞击盆地,它是一个巨大型的坑洞,洞的中心有多个直径超过100千米的环形山,有中央山峰和阶梯台地墙体;其次,坑洞直径在5～100千米的陨石坑称为**复杂陨石坑**;此外,坑洞直径不到5千米宽,且有一个碗状外观的陨石坑称为**简单陨石坑**(如图15.2所示)。所有这 3 个范围的陨石坑都能在整个太阳系中的类地卫星和其卫星上找到。

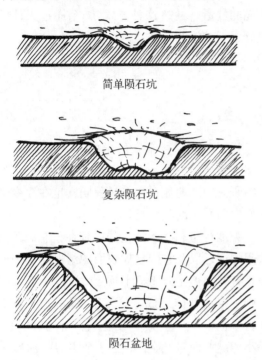

简单陨石坑

复杂陨石坑

陨石盆地

图 15.2 陨石坑

当然,对于我们来说,要真正探索太阳系中的每颗行星和卫星是相当困难的,但我们相信,依靠现代的先进技术设备,我们已经能够发送载人和无人太空探测器进入太空,并带回有关其他天体资源的一些具体信息。

行星探测计划

为了能更多地了解行星,机器人,甚至是人类驾驶宇宙飞船已经被送到其他星体进行航行。**太空探测**就是将无人宇宙飞船发送或进入某一个特定的行星或卫星轨道。它们装备了科学仪器,可以带回有关陨石坑大小、温度、星体表面和大气组成等各种各样的具体信息。行星探测有一个常规工作系列,即从一个简单的近

飞探测阶段到人类探险登陆阶段。这种策略在人类探索太空的过程中一贯地被遵循着,但到目前为止,人类也仅仅完成了对月亮的探测(见下表)。

星 体	飞近探测	轨道飞行器	着陆器	有人驾驶
月 亮	×	×	×	×
水 星	×			
金 星	×		×	
火 星	×		×	
木 星	×			
土 星	×			
天王星	×			
海王星	×			
冥王星				

其中,第一个序列中的探测类型是**飞近探测**。顾名思义,宇宙飞船的作用只是飞近目标星球并获得该星球的第一外观。接下来是**轨道飞行器**,如发射环绕星球的人造卫星,以获取长时间段的信息。轨道飞行器为航天飞船着陆器铺平道路。**着陆器**使得它可以在预定地点进行软着陆,它偶尔也配备了一个可移动的机器人,可以冒险远离初始着陆点(如图15.3所示)。行星探测高潮发生在人类真正踏上另一个世界的时期。在这一阶段被归为**有人驾驶探测阶段**,因为在此阶段,人类飞行员开始踏上了飞船。

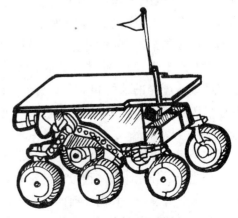

图 15.3 火星探路者号探测器

行星探测工具

太空探测器携带一系列的科学工具，其中最重要的3个是成像相机、高度计和分光计。这3个工具是搭载在探测器上的典型仪器。

俗话说得好，"一张图片胜过千言万语"。这对于行星科学来说是再正确不过的了。用于太空探测器上的相机是一种数字产品，这些数字产品实际上同那些你曾在当地的商店购买相机没有多大的差别。然而，唯一的差别就是，它们的分辨率要比摄影师能购置得到的普通相机的分辨率要高得多了。数码相机的工作原理，就是一景影像被划分成无数个图片元素或**像素**。图像包括像素越多，图像可呈现的细节也就越多。每一个图像元素有一个亮度值，亮度值的范围从0（黑色）到255（白色）。一旦将它们加在一起就像一个拼图，这样一幅图像就生成了。

现代行星科学的另一个重要工具是高度计。**高度计**是这样的一种设备，它主要用来精确测量一个星球表面的高程变化。高度计的工作原理就是在表面发射雷达波束或激光，并在同一时刻记录信号反射回太空探测器的时间。这些信息提供了从表面到探头的精确距离，并可以用来计算地形。探测器报告的信息被用于制作一个地形图。这个地形图是用**等高线**来渲染或绘的**星球表面图**。等高线的绘制就是在预先确定的一个高于或低于的水平面上，将相同高程的点连接起来，等高线用统一的高程间隔分开（例如10米高程）。这些等高线帮助我们了解星球表面可能的结构和地形。另外，计算机程序可以处理这些数据，并将其转换成地表三维数字高程模型。

第三个用于收集有关行星重要信息的工具是一个**分光计**。分光计是一种可以确定岩石成分和大气成分的设备。我们在前面几章中已经简要地讨论了光谱仪的使用，以及它们如何用来确定目标对象的元素构成。这种类型的设备，通常是搭载在行星上的典型仪器，即**反射光谱仪**。它是通过测量目标物在不同波长反射太阳光的数量。通过这种方式，一个遥远天体的成分就能被探测到。

小　结

我们在地球科学中所学的——如地质学、海洋学和气象学——都可以将其应用于行星科学的研究中。地球上许多过程同样也在改变着我们太阳系中的其他行星。

类地行星和类木行星的区别在于它们距离太阳的远近以及它们星球表面的组成。类地行星是有着类似地球表面性质或岩石，而类木行星则主要由气体组成。冥王星，既不是一颗类木行星也不是一颗类地行星，至今它仍是一个小小的谜。而且，冥王星是一个小型的冰冷世界，在我们的太阳系中离太阳最远。

有一个重要的因素能帮助我们研究行星的历史，这个重要的因素就是陨石坑。太阳系中几乎所有的类地行星世界的陆地表面都能显示这种地质过程的迹象。从太空降落下的陨石，或者甚至是小行星已经创造了一系列的地形特征，如从小型陨石坑到巨型的陨石盆地。

为了能更严密地研究行星的这些特征，人类已经逐步发展形成了一个行星探测策略。通常我们都从近飞探测任务开始，靠近星体附近飞行，并收集信息和图片。接下来我们发送一个轨道飞行器环绕行星运行，并从各个角度收集更广泛的相关信息。最后一道策略就是发射一个太空探测器，并将其着陆在行星表面上。直至最终的探测任务，其目标就是将人类送到这些星体的表面上。但到目前为止，我们仅仅在月球上完成了这样一个使命。

每个太空探测器都配备了某些探测设备，以帮助我们确定星球表面上的矿物，它的大气条件、温度、高程和其他特征等。我们在太阳系其他星球上发现和了解一切都有助于我们更好地了解我们的地球。况且，我们的地球所经历的许多作用和太阳系中其他行星所经历的是一样的，因此，对其他行星持续的研究会增加我们在这方面的基础知识。

类 地 行 星

关 键 词

弹道轨迹,逆向旋转,月海,小行星撞击,
纹脊,蜿蜒小河,直月谷,内斜坡,基蚀,洛
希极限

内行星

在过去的 40 年里,我们已经开始认真探索一个新的领域——太阳系。了解其他行星和卫星的形成,为我们更好地了解地球和整个太阳系未来的演化提供了线索。我们地球在太空中的邻居包括 9 大行星,这些行星被绑定在一颗名为太阳的恒星里。在这些世界中,类地行星是属于相对比较小的星体,并且在太阳附近。更远的是类木行星和冥王星,其中类木行星是个巨型气态的世界,而冥王星是一个比地球的卫星月亮还小且非常独特的冰冷星球。此外,行星之间的一些小物体称为小行星和彗星。这些星际间石块可以追溯到太阳系的起源。它们是行星的组成材料。

据说,宇宙大约是在 150 亿年前开始形成的。银河系星系开始形成于大约 130 亿年前,而银河系里的恒星则在之后不久就形成了。我们的太阳系大约形成于 46 亿年前,而地球上的生命仅在 10 亿年后开始形成,尽管原始人直到大约 400 万年前才出现。回顾在第五章中标题为"假如地球历史压缩成一年"的栏目,我们体会了地球上生命的进化需要多么漫长的时间,

那么把它也放在从太阳系开始形成的 46 亿年背景下,你就可以再次体会它所需的时间了!

包括地球在内的类地行星,它们运行的轨道距离太阳比类木行星要更近些。通常情况下,这些类地行星也会有类似地球的表面——岩石,即与地球上坚硬的地形相类似。这些行星中的所有地质过程、海洋学特征和气象现象,都将给我们提供了解地球是如何形成的线索,以及地球在演化过程中如何适合于太阳系。由于我们已经在本书的前面三个部分中严密地研究了地球,因此,在我们探讨太阳系及其行星方面之前,先看看其他类地行星及其绕着它们轨道的卫星与地球之间的相似之处是有意义的。

如果对所有这些行星进行比较,一个比较有趣的地方之一就是这些行星**演化时间**的长度,以及它们绕着太阳公转一完整的周期所需要的时间。我们习惯用地球上的时间(例如,一个地球年是 365.74 天,地球上每一天是 24 小时),但每个星球都会有稍微不同的时间周期。其中"1 年"被专门定义为一个星球围绕太阳公转一完整的周期所需要的时间,"1 天"同样也被专门定义为一个星球绕着自己的轴旋转 1 周所需要的时间。

水 星

水星是以罗马神话中的信使来命名的[希腊神话中相对应的人物是赫尔墨斯(Hermes)],它

是离太阳最近的行星。水星远比我们的月亮大，大约只有地球大小的一半。水星离太阳的距离只有 6 000 万千米，围绕着太阳公转的速度比任何其他的行星都来得快，大约是每秒 50 千米。

水星围绕太阳公转 1 周仅需要 88 天就完成，而地球围绕太阳公转 1 周则需要 365.74 天。水星绕自身旋转轴自转 1 周需要 58.6 天，而对于地球来说，我们地球自转 1 周被定义为 1 天。这意味着，如果在水星上观察太阳，那么在一个两年周期里，太阳将升降 3 次（如图 16.1 所示）。在水星上的 3 天，也就是水星绕轴自转 3 周，需要持续两个水星年（176 天），与此同时，它也刚好围绕太阳公转了 2 周。

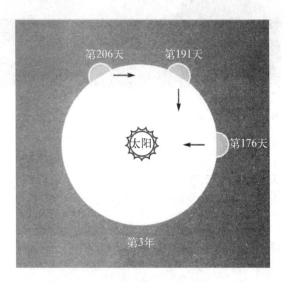

图 16.1   水星上的年和天
（箭头表示在水星上的固定点）

由于水星自转周期比较长，这样促使其朝向太阳的一面有很长时间来吸收太阳的热辐射，而另一面则又有很长的冷却时间。因此，水星从一边到另一边的温度变化非常大，温度变化范围可以从大约 425 ℃到－150 ℃。

水星的地质

水星的表面在某些方面与我们的月亮相似，即灰色的地形布满了陨石坑。然而，这些陨石坑的形态与月球上的陨石坑的形态有着明显的差异。由于水星有一个强大的重力场，当小行星或陨石撞击其表面时，碎片和岩石在弹道轨迹上飞行的距离就不会像在重力比火星小得多的月球上那么远（所谓**弹道轨迹**就是一个抛射体或其他移动物体在太空中自由飞行的路径）。换句话说，岩石在水星上飞行的距离不会像在月亮上飞行的距离那么远，这是因为在水星上重力要比在月球上大得多。在月球上，当受陨石撞击形成的陨石坑后，几乎没有重力阻止岩石飞离。而在水星上所观察到的水星喷出物图案，可以明显看到喷出物紧抱陨石坑边缘。在太阳系中，大部分类地行星中行星和卫星都显示有陨石坑的迹象。不像在地球上，因为有

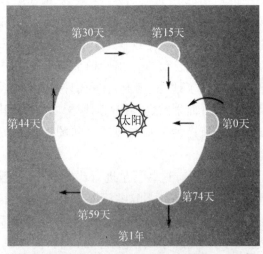

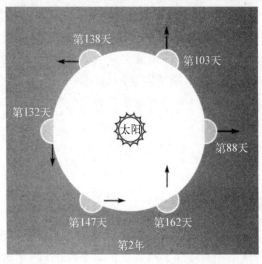

了其他重要的地质力量作用在地球的陆地表面上。因此在其他行星上发现的这些早期的小行星和陨石撞击地点，可以为我们提供一些重要的信息，即了解太阳系和其他行星、卫星是如何形成的等信息。

就像在月球上，水星有许多撞击盆地。曾经拍摄到的最大的一个陨石坑之一称为卡洛里盆地，它可能是水星上最显著的地形特征。那里似乎还有更多的带有明亮辐射纹的著名陨石坑。

在水星上，具有平坦平原的区域似乎要比在月球上所观察到的要明亮得多。一些平坦的平原被认为是火山的起源。也有人提出，这些平坦平原是数十亿年前熔岩流喷洒在水星表面的结果。它很像**月海**——即月球上由熔岩流形成的大块黑色区域（拉丁文"*maria*"是"*mare*"这个词的复数形式，是表示"海"的意思）。这些平坦平原物质填补了撞击盆地。水星上撞击坑间的平原是明亮的，而且很可能是由陨石坑和盆地喷出物组成，而不是熔岩流组成。水星上唯一暗色的、呈月海类型的物体填满了卡洛里斯盆地内部，这种物质被认为是熔岩。

水星表面上也有众多的脊线，这些脊线被认为是由于水星内部收缩而导致水星外壳收缩所形成的。同时，脊线被看作是逆断层或低角度正断层——即水星外壳的一部分推升了附近的外壳而形成了这些褶皱，类似于内部收缩。水星上有个大的核心，而当它凝固时，其体积减小，从而导致地壳压缩。我们把水星比喻为一个苹果派，当苹果派烹调完后，想象这水星地壳会如何产生裂缝，就像苹果派内部冷却后收缩一样。

由于水星没有自己的天然卫星（水星和金星是太阳系中仅有的两个没有卫星的行星），关于水星的质量的确切数值还不太清楚。地球上的引力可以被航天探测器探测到，然而，这种方法也只能对其质量进行粗略的测定。水星是一

个密度大的行星，它有一个大型的中央铁质核心。由于水星明显小于地球，它的表面重力只有地球重力的38%。通常，一个行星是否存在磁场的条件，是只有当这个星球在其表面以下或在其核心存在一些液态金属，如铁和镍。由于水星的核心是固体金属，而不是液体，因此，有关水星为何存在弱磁场的原因仍然无法回答。当水手10号太空探测器飞过水星时，其轨迹的变化，使得我们有可能计算出水星的质量（根据艾萨克·牛顿的万有引力定律计算）。根据小星体的大小，水星显著的引力被解释为是由于有一个大型内核造成的。水星微弱的磁场，被解释成可能是由一个被冻在中央铁质核心残余物所造成的。

水星的环境

由于水星比较小，加上离我们又太远，且非常接近太阳，这些使得探测水星变得很困难。太空探测器已经设法完成了对水星的近飞探测任务，尽管水星这种不同寻常的轨道和旋转关系意味着大多数的照片只是来自水星的一面，但我们已经能够了解有关水星的一些情况。如过去认为，水星总以相同的半面朝向太阳，但后来发现情况并非如此。

通过发送无线电信号到水星并且测出其返回的时间，科学家们已经能够确定水星的一些特征。通过雷达技术，我们也已经得知水星极地附近的陨石坑可能存在冰。因为在水星这些区域，不受到太阳光的直射，因此使这里的水能够保持着冰冻状态。

水星的气象

水星上几乎没有大气，但它确实有从太阳吹来的微量的氢气和氦气。水星上的一些大气是由钠构成的，主要来自水星表面喷射升空的原子。因为水星的表面非常炎热，它们会很快蒸发进入太空。不像地球和金星有了稳定的大

气层,水星的大气总是临时替代性的。换句话说,在水星上实际是没有大气,可以说,它是一个"爆发的死去"的世界。而且水星是如此的小,以至于它无法保持住大气。当氢、氦、钠层进入水星的大气区域时,将很快被蒸发掉。由于水星上没有大气,没有云,因此,如果在水星上做天气预报将会非常简单:令人难以忍受的酷热的白天(约 425 ℃)和极端冰冻的夜晚(约 -150 ℃)。

金 星

金星,曾经一度被认为是地球的一个双胞胎星体,它位于离太阳大约 1.05 亿千米的地方。尽管金星与我们的地球体积大致相同,也就是直径大约 12 000 千米。金星是过去科幻小说中,常被作者幻想成是一个没有沼泽的令人舒适的地方,但恰恰相反,它实际上是太阳系最恶劣的类地卫星之一,简直就是一个地狱,其温度超过 480 ℃。

金星在其他方面的特征也是不同寻常的。例如,这颗行星上的 1 天(自转周期为 243 天)大于它的 1 年(公转周期是 225 天)。此外,这颗星球的旋转也很独特,科学家们称为**逆向旋转**。也就是说,金星是向后旋转的。由于金星离太阳的距离比水星远,所以金星的移动速度要慢于水星,大约每秒 35 千米。

趣闻趣事:金星是观星者在天空中最容易发现的行星之一。金星表面覆盖着浓厚的云层,反射着太阳光。由于金星比地球更接近太阳,因此如果从地球上观察金星,它始终不会离太阳很远。大约每 7 个月,金星就绕着太阳的公转一个周期。金星是晚上在天空西边最亮的天体,它甚至比天狼星要亮 20 倍。大约每 3 个月加 15 天后,金星会比太阳更早升起,此时,金星似乎就是一颗明亮的启明星。

金星的地质

对金星的早期观测显示,有大的陆块嵌入低地,并占了大部分地壳的地形,同样,在表面也发现了陨石坑。这些陨石坑,就像那些在水星上的陨石坑一样,有非常小的喷出覆盖物。现在已经拍摄到火山爆发、熔岩流、沙丘(可能)、泥石流和断层等。

一些俄罗斯金星号太空探测器登上金星,这些探测器在高温炽热导致仪器停止工作前发送回一些图像。这些图像显示金星有一个贫瘠的岩石表面,在熔岩中遍布着中到大块的岩石,整个环境的光线就像在阴天。它们也把这些景象描绘成这样一个暗橙色的陆地表面,并认为是由于来自太阳的光线穿过厚厚的大气层变红而造成的。

在金星表面上发现的许多特征,其产生的地质过程在其他星球也同样存在。但金星不同于其他星球,有些其他类似的地质过程在金星上却似乎是不起作用了。

金星的气象

因为金星接近太阳,其炙热的表面足以蒸发掉那些曾经可能存在的任何水体或海洋。在那里,穿透过云层的太阳辐射,被金星表面以长波辐射返回,但这些长波辐射却不能重新穿过大气层进入太空。因此,金星就像个烤箱,被封闭起来的太阳辐射使金星表面变得越来越炙热。除了这难以置信的酷热外,金星上的大气也是难以置信的稠密,使得金星上的气压非常高,几乎和在地球上最深的海洋底部的压力没有什么两样(还记得第七章中提到的在马里亚纳海沟的压力和一个人能举起 50 架巨型喷气式客机假设吗?)。更有甚者,在金星的云层里充满了硫酸液滴。尽管从地质学的角度来看,金星这一环境非常引人关注,但探险者在接触金星时将面临着被压碎、中毒,或烧焦的危险。

利用太空探测器,发现在金星高层大气中有高速风和一个永久的云层,这个云层大约开始于金星表面上空 30 千米处,并延伸到 80 千米左右的高空。这些云层中并没有水的存在,仅有前面提到的危险的、高腐蚀性的硫酸液滴。这些云层覆盖着整个金星,因此,假如你已经降落在金星上,此时的你在金星表面上将只能看到云层,而不会看到其他任何东西。

地球的卫星

我们已经讨论过的地球科学大多数方面——地质学、海洋学和气象学。不过需要注意的是,尽管水星和金星没有自己的自然卫星或人造卫星,而地球确实有一个非常令人印象深刻的卫星——月亮,它也就是我们地球唯一的天然卫星。

我们的卫星月亮几乎被分为两个部分:即明亮的坑洞高地和阴暗的相对平坦的月海。月海是年轻的地形,由深色的玄武岩熔岩流组成。它们是表面低地,由巨大的撞击盆地形成。在南半球主要是坑洞高地,这些崎岖的地形可以追溯到月球的早期历史。它们形成于太阳系早期划时代,称为**重撞击时期**,即受陨石和小行星强烈碰撞时期。月球和行星清扫余下的太空碎片,使它们没有进入太阳系内形成行星。

毫无疑问地,我们的月球表面上最显著的特点是陨石坑(又称环形山)。这些坑洞,是由陨石碰撞产生的,范围可以从碗状到横跨上百千米宽的撞击盆地不等。

趣闻趣事:这里有一个例子,即有关环形山如何形成。首先,一发炮弹击中表面,而作为撞击的一个结果就是,它产生了一个向下的冲击波,压缩底层的岩石,同时反弹被压缩的物体,这

样,一个环形山就形成了。因此,我们就有一个碗状的洞和周围是喷射覆盖物。许多这些大的撞击盆地在月球上被命名为静海或丰富海。此外,还常常可以发现陨石坑中还有陨石坑,就类似于将岩石直接扔进泥浆中所看到的景象。

被发现出现在月海的一些弯曲特征称为**皱脊**,它通常被归因于火山或构造过程。它们看起来像月球表面上的皱痕。这些脊线可能源自月球表面受挤压的时候,就像一个安装松动的地毯,或一个冷却时的苹果馅饼外壳,在压力下弯曲了。同时,结合厚厚的熔岩交替地从线状裂缝的通风口渗出时,皱脊就可能已经形成了。

在月海某些区域的地面上是一些沟渠,这些沟渠乍看上去,类似于干涸的河床。但是曾经流经这些渠道的不是水而是火山熔岩。同时,在表面下的熔岩管流淌着液态岩石。月海或低地是月球在某次冲击之后形成于撞击盆地,但随后被流经的熔岩流进一步改变。这些沟渠把玄武岩熔岩填满了撞击盆地中的陨石坑,一旦熔岩完全从熔岩管中排出,熔岩管顶部就可能无法再支撑得住,所以它倒塌,形成了干涸的沟渠,现在称为**蜿蜒的月谷**。

一探究竟 16.1　通过望远镜观察月亮

月球是距离我们最近的卫星,其奇妙的表面可以很容易地通过望远镜观察得到。月球的表面——令人敬畏的景观,甚至用**低分辨率**的小型望远镜观看时,那些黑暗的月海和明亮的环形山仍然清晰可辨。注意图16.2中高山上的环形山密度。

观察月亮的最佳时相是当月亮处在新月后的上弦月阶段。在这个时候,山脉所投下的阴影和陨石坑突出了月球地表的特征。当月亮处在满月时,是寻找那些从新月陨石坑延伸出的明亮辐射纹的最佳时间,比如第谷环形山和哥白尼环形山。月球上比较大的

陨石坑(称为撞击盆地)是有拉丁名的,如雨海的拉丁名 *Mare Imbrium*、澄海为 *Mare Serenitatis*。你可以找到一张标有名称的月海地图,来指导你自己探寻月球表面特征。

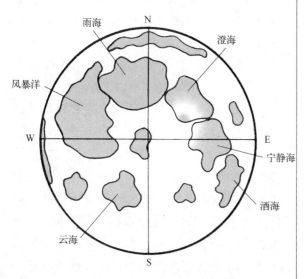

图 16.2　月球的表面

月面上山岭起伏,峰峦密布。已经知道月海有 22 个,总面积 500 万平方千米。从地球上看到的月球表面,较大的月海有 10 个:位于东部的是风暴洋、雨海、云海、湿海和汽海,位于西部的是危海、澄海、静海、丰富海和酒海。这些月海都为月球内部喷发出来的大量熔岩所充填,某些月海盆地中的环形山,也被喷发的熔岩所覆盖,形成了规模宏大的暗色熔岩平原。因此,月海盆地的形成以及继之而来的熔岩喷发,构成了月球演化史上最主要的事件之一。

月球上的陨击坑通常又称为环形山,它是月面上最明显的特征。环形山的形成可能有两个原因,一是陨星撞击的结果,二是火山活动;但是大多数的环形结构均属于陨星的撞击结果。许多大型环形山都具有向四周延伸的辐射状条纹,并由反射率较高的物质所组成,形成波状起伏的地形,向外延伸可达数百千米。环形山周围有溅

射出来的物质形成的覆盖层;溅射的大块岩石又撞击月球表面,形成次生陨击坑。由于反复的陨星撞击与岩块溅落,以及月球内部喷出的熔岩大规模泛滥,使得许多陨击坑模糊不清,或只有陨击坑中央的尖峰露出覆盖熔岩的表面。

月球为什么会存在至今仍然是一个谜。我们知道,月球它曾是一颗比今天看起来要大得多的天体出现在天空中。数十亿年前,月球的运行轨道非常接近地球。在万古时期,月球的绕行轨道开始慢慢地增加它的距离。今天,它的轨道距离地球约 385 000 千米。10 亿年前,月球在天空中是显得特别的大。这点与当你在地平线上看到月亮时,月亮看起来显得更大些是不同的,因为这只是一个错觉而已。

关于地球为什么会拥有一颗大约是自身 1/4 大小的天然卫星,目前有几个解释观点。其中的一个观点是,月球是一个被俘获的物体,在这个理论中,月亮的诞生发生在太阳系的其他地方。当它太过于接近地球时,被地球的引力场捕获,最终成为一颗环绕地球运行的卫星。另一个解释观点是:月亮与地球是孪生的双行星。其观点是,月亮的形成是从这里开始的,也就是月球与地球在太阳星云凝聚过程中,形成一对孪生行星。

具有讽刺意味的是,即使在天文学家登陆月球的多年后,仍然无法解释月亮为什么会存在。从月球上带回来的岩石与在地球上存在的岩石却是惊人的相似,我们现在认为,月球是在地球诞生后的一次灾难性事件中形成的。我们的地球可能曾遭受过**小星体撞击**(在行星形成时期绕太阳轨道运行的任何小星体)。这个星体擦过地球的边缘,再通过地壳和地幔深处。新生的地球和月球就在这碰撞中诞生了。

显然,这样的大撞击会产生巨大的热量。月球上的岩石显示了已熔化和没有任何的水的证据。虽然我们还不能肯定,这曾经发生过什么事以及支持这个理论的证据。

火 星

火星,这颗红色星球,它是太阳系由内往外数的第四颗行星。即使到今天,火星仍然是燃起人们探索宇宙生命的热情和好奇心的世界。亚利桑那州的天文学家珀西瓦尔·洛厄尔(1855—1916)声称在火星发现存在生命,但这早已被证明是错误的。珀西瓦尔·洛厄尔致力于证明在这个星球上存在着智慧生命。火星一度被认为居住着比人类更先进的智慧生命。火星上散乱的纹理被认为是运河。但现在人们认为,这些是人们通过望远镜观察到的一个错觉。这些神秘的特性早就被否定了,甚至在人类第一次飞越火星前就被否定了,但是旧的看法却很难被完全消除。

天文学家珀西瓦尔·洛厄尔[①]

天文学家洛韦尔于 1894 年在亚利桑那州弗拉格斯塔夫创建的私人天文台,人们称其为普鲁托(Pluto),在天文学中是普鲁托英文名字前两个字母,又是对冥王星发现有推动之功的美国天文学家洛韦尔(Percival Lowell)姓名的缩写。

珀西瓦尔·洛厄尔出身于波士顿一个贵族家庭。他的姐妹艾米·洛厄尔,是一位第一流的诗人;他的兄弟成了哈佛大学的校长。1876年他以优等成绩毕业于哈佛大学之后,有一段时间做生意并到远东旅行。可是他对数学感兴趣,年幼时还涉猎过天文学。斯基帕雷利报道的火星上存在的"运河",使他十分激动。回到美国时,他有充裕的财富,无须为生计操劳,就利用这个优越条件在亚利桑那州兴建了一座私人天文台。那里,几千米高的干燥沙漠的空气和远离城市灯光,使得星象宁静度非常好。

1894 年洛厄尔天文台落成。那时,火星十分接近地球。洛厄尔废寝忘食地研究火星 15年,拍摄了几千张火星照片。毫无疑问他看到了(或者说他以为他看到了)运河。事实上,他

看到的比斯基亚帕雷利曾经看到的要多得多,而且他画出了详细的图,最后包括 500 条以上的运河。他在运河相交处勾出了"绿洲",报道了运河有时仿佛成双的样式,并且详细记录了季节性的变化,它们似乎反映了庄稼的荣枯。总而言之,他是火星智慧生命的信徒们的守护神。与此同时,皮克林几乎同样刻苦地也在研究火星,不过他报道的是笔直的条纹,它们既少又在移动,而且根本不像洛厄尔的轮廓分明的条纹。现代天文学家站在皮克林一边反对洛厄尔,他们指出(例如,琼斯说过),在能见度达到极限时,不规则的斑纹使眼睛觉得像交叉的直线。换句话说,运河大概是一种光学错觉。洛厄尔在另一点上也出了名。即使在勒威耶·亚当斯发现海王星之后,天王星运动中的歧异也还不完全明白。它依然从计算的轨道上扯出一点点。洛厄尔相信这起因于海王星之外的另一颗行星。他计算了这颗行星在天空可能的位置(根据他对天王星的影响),并且决心寻找他称之为 X 的行星。洛厄尔从未找到过它,但在他死后用更好的望远镜寻找了 14 年,最后汤博取得了成功的结果。这颗新行星取名冥王星,这是给离太阳最远的(就我们现在所知)行星取的一个恰当的名字;这名字的头两个字母是珀西瓦尔·洛厄尔的姓名的开头字母,那绝不是偶然的。

火星的地质概况

火星是一个寒冷、干燥的星球,充满着独特的地质特征,其中一些特征是令人费解的。火星上 1 天的时间比地球上 1 天的时间要来得长。火星是在距离太阳大约 2.3 亿千米的轨道上环绕着太阳运行,其公转周期大约是 687 天。火星直径大约只有我们地球一半的大小,即大约只有 6 800 千米的直径。

---

① 以下内容由译者补充。

在 2003 年，火星比过去 5 万年距离地球更近。每个人都匆忙地通过望远镜来观看这颗红色的星球，甚至是哈勃太空望远镜也专门训练它的摄像机来拍摄火星。当时，人们可以看到这样的细节，如极地冰盖和其他行星的表面标记，就像在地面表面上看到的一样。

火星和地球一样拥有多种类型的地形。在火星上已发现的地形有峡谷、火山、环形山和极地冰帽。火星北部是年轻的火山平原，火星南部是充满陨石坑的古老高地。

火星上这两种类型的地形被所谓的高地或低地分隔开来。这个物理边界称为**内斜坡**（如图 16.3 所示），它是一条大约分开两个半球的悬崖线。

在火星北部低地区域有两个火山构造隆起，即塔尔西斯高原和埃律西姆高原，这两个构造隆起都有许多大规模的火山叠加在其中。但是，在塔尔西斯地区的那些火山更大、也更年轻。由于火星被认为是由单一静止的地壳板块组成的星体，火山就被认为在一个很长地质时间内一直保持着活跃，从而使巨大的熔融物种被堆积在相同的热点。由于没有发生板块构造运动，火星的地下热点会在很长时间只在一个地方。在这种方式下，大的火山，像奥林匹斯山就可以形成。在地球上，由于岩石圈的板块运动迁移了热点，所以就不可能在我们的地球形成这种的规模火山。

在火星上，至少已经发现有 12 座火山比地球上发现的任何火山还要大。这些火山被归为盾形火山。我们可以回顾一下第四章的内容，这意味着这些火山主要由固化的液熔岩组成，类似倒置的碗。火星上最大的火山是奥林匹斯山，相当于美国德克萨斯州的面积大小和 3 倍于珠穆朗玛峰海拔的高度。围绕着这些火山和主要撞击盆地的地方是一个面积强烈破碎、断裂的地形。

趣闻趣事：行星和卫星上地形特性的命名由国际天文学联合会选择。由于金星已经被命名为罗马神话中的爱神（即希腊的阿佛洛狄特女神），国际天文学联合会欧盟会根据所有文化和传统，从历史上著名的女性来选择给其他地形特征命名，包括伊迪丝·沃顿和艾米丽迪金森。在火星上，名称采用了一种不同的方法。大型陨石坑是以对研究火星有贡献的已故科学家来命名；小型陨石坑则以世界人口少于 10 万的村庄命名。大型山谷的名字是以"火星"的不同语言命名；小山谷是以古典或现代河流的名字命名。在古希腊神话中，火卫Ⅰ和火卫Ⅱ是拉着火星二轮（上帝战车）战车的马。

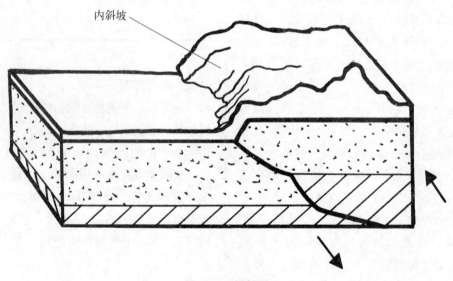

图 16.3 倾斜面

火星上的水

均夷作用,诸如地球表面上的空气和水的运动,在火星上同样起作用。尽管火星上的空气很稀薄,但它仍然可以移动沙和沙尘,形成陨石坑附近的沙丘和风力条纹。流水作用的证据出现在一些小河谷的通道和一些较大的外流渠道。有人认为,那些基本限于火星南半球坑洞的河谷网络,是由降雨径流形成的。然而,如果情况是这样,那么火星在遥远的过去,必然发生过这样一个情况,即在火星上曾出现过大气压力大到足以允许水以液态存在的状态。另外一些人则认为,这些小的通道可能是由于下切侵蚀过程和永久性冻土升华侵蚀因素形成的。永久性冻土就是指在岩石或土壤中,连续两年以上温度保持在 0℃ 以下。在火星的地质背景,这些小的渠道很可能随着永久冻土,经过几万年到几十万年的逐渐升华过程中形成的。

然而,人们认为那些比较大的外流沟壑是以另外一种完全不同的方式形成的。它们被认为是来自地下火山喷发融化地下冰形成的。当这一切发生之后,大量的水因地形坍塌向着坡下流淌,形成了纵横交错的地形和巨大的渠道。在极地地区的冰冠形成了独特的螺旋山谷和分层堆积的物质。最后,重力作用作为一个均夷的力量,逐渐使粗糙的表面平滑。在火星上,已经观测到巨大的泥石流,尤其是在沿着水手号峡谷的斜坡上。这个峡谷标志着许多地质过程在共同起作用,特别是构造作用和均夷作用。火星上的大部分构造作用与形成撞击盆地有关的地壳断裂相关联。巨大的撞击盆地产生了径向和同心的断裂系统。塔尔西斯高原和埃律西姆高原的上升或隆起,还产生了由于它们对地壳的重力引起的地壳应力。水手号峡谷很可能是从地壳径向到塔西斯高地的断裂开始的,然后在其他的地质过程下,如风、水、冰和重力作用下逐步扩展开来的。

火星的气象

尽管火星和地球之间存在巨大的差别,人类仍然着迷于去探访这个星球的可能性。火星上的地学有点似于美国西南部和沙丘地带和起伏的群山。但即使地形看起来很相近,气候条件却存在巨大的挑战。

火星上的大气极其稀薄,并且二氧化碳是其大气的主要组成部分。火星上的温度非常低,几乎接近冰冻的零度,即使在火星赤道附近的正午时候也是如此。曾有一个太空空间探测器拍摄到这样一幅火星影像,在影像上显示火星表面正是在移动着的、如地狱般的沙尘暴。甚至,在某些时候,整个火星表面都覆盖着巨大的沙尘暴,这预示着沙尘暴在这种星球上具有全球性的气候现象,这现象至今仍然无法完全理解。

人类要真正访问火星,我们将必须为宇航员提供一套非常重要的设备,如光、热,以及能够处理空气的设备等。由于探索这样的一个实验,需要非常复杂的技术和成本。我们现在要做的就是必须开始探索研究这种需要,包括借助望远镜和发射航天探测器,以便近距离观察火星。

火星的卫星

火星有两个小的卫星,分别为火卫Ⅰ福波斯和火卫Ⅱ德摩斯。福波斯的直径大约有 22 千米,它环绕着这颗红色火星的轨道高度大约为 6 000 千米。德摩斯的直径大约只有福波斯的一半,它离火星的距离大约为 20 000 千米。

太空时代之前,有关这些卫星的情况知道得非常少。也正因为如此,引起了人们一些有趣的推测。一位科学家,也就是前苏联天文学家洛夫斯基在 1959 年曾推断认为,这些小卫星实际上就是太空中的人造物体。这个推理是基于福波斯的衰减轨道。当火卫Ⅰ稍微下降接近火星时,它的轨道似乎在加速降落。事实上,这颗卫星在大约 4 千万年前就可能已经进入强有力的洛希极限，或具有破坏性的引潮力范围内。

火卫Ⅰ面临的这种情况归因于火星的大气层。火卫Ⅰ受火星上气体的牵引，它造成的后果就是使其速度减慢，并落向火星。然而，只有当卫星密度非常低，甚至低至水密度的千分之一时，这种模型才有可能发生。如果火卫Ⅰ是天然卫星，其密度应该更接近水密度的 4 倍，这是一个沉重的物体，这样它就不可能受来自火星上稀薄大气的牵引。所以，洛夫斯基推测认为火卫Ⅰ和火卫Ⅱ很有可能是个中间空心的球体。甚至有人推测，这些球体曾经是生活在火星上的一蓬勃发展的先进文明在火星上建造的空间站。

更有甚者，还有人推断，天文学家最初未能发现这一对卫星的原因就是它们当时根本就不存在。当时火星人还没有发射这对卫星进入轨道。显然，火星曾居住着智能人的想法，一直是一个难以平息的谣言！

天文学家们现在相信火卫Ⅰ的轨道衰减是与引潮力和火星核心的交互作用有关的。但在这里请不要混淆认为引潮力仅仅是指与水有关的潮汐力。引潮力不仅仅只是水的效应，同时也是地心引力的力量。事实上，引力潮汐可以随时拉伸和挤压一个行星或卫星。我们现在已经知道，火星的卫星很小，是个小行星体。事实上，它们很可能会被小行星捕获。

小　结

尽管水星、金星、火星和地球有着显著的不同，人类仍然热衷于比较它们不同的地质过程、大气和气候系统，并考虑这些过程在塑造我们的世界时有着怎样的相似。

所有这一切是如何发生仍然是个巨大的谜团，尽管近年来科学家在研究我们的地球和地球的形成，以及在探索太空时提供了许多有价值的信息。通过观察其他的行星，我们已经了解到我们的地球并不是宇宙的中心（我们曾经相信过）。地球也不是我们曾经认为的那样，是独一无二的星体。其他类地行星同样绕着太阳轨道运行，这些行星也有火山、沙丘和一些大气或重力。地球支持人类生活的环境是独一无二的，然而太阳系的其他行星的形成，以及是如何演化和进化的，是今天科学家们研究的重大兴趣点。

过去 40 年的探索研究，使得我们更加熟悉 9 大行星、太阳、众多卫星和小行星、彗星之间的运动。在这一章里，我们比较详细地讨论陆地行星，即那些像地球一样具有坚硬岩石表面的行星。

水星是太阳系中离我们最近的邻居，它距离太阳仅有 6 000 万千米。水星的地形类似于地球的卫星月亮，但它比地球要大得多，直径约 6 400 千米。水星是个密度极大的星球，它的庞大的中央核心是由铁组成的。

金星过去曾被视为是地球的孪生星球，这是因为金星和地球大小差不多。但除此之外，金星和地球之间几乎没有什么相似之处。金星是最恶劣的陆地世界，温度超过 480℃，以及令人难以置信的稠密大气层和充满了硫酸液滴的云层，并导致无法控制的温室效应。

火星，太阳系中的第四颗行星，被称作红色星球，一直以来是科学幻想的主题。今天，我们知道这是一个寒冷、干燥的星球，仅仅充满着一组组令人费解的地质特征。

均夷作用，如风和水的运动，在火星表面上同样起着重要的作用。火山构造隆起的存在也是明显的，就像火山和环形山一样。尽管在我们太阳系中的其他行星中，似乎缺乏一个能够支持某种生命的环境，但很明显的是，超过几十亿年期间发生着的漫长的地质过程，也不同于地球所经历的过程。

类 木 行 星

巨行星

木星和土星是太阳系中最大的星球。它们与类地行星明显不同的地方就是类地行星的轨道距离太阳比较近。水星、金星、地球和火星有时被称为内行星,但它们通常被称为类地行星,这是因为它们都具有固体表面。外行星,也就是木星、土星、天王星和海王星,是属于低密度的星球,并有充满气体的大气层,内部主要是液态。作为一个行星群体,它们被称为类木行星。术语**类木行星**并不单指木星,而是指那些所有与木星的特性类似的行星。每颗行星都拥有这样一个行星系统:行星环、一个强大的磁场和一系列卫星。

木 星

木星是太阳系中最大的行星。木星的直径是地球直径的 11 倍,大小是地球的 318 倍。

这颗类木行星的自转速度也比类地行星要快。木星的直径大约是 144 000 千米,然而其自转周期是 9 小时 50 分钟。这种快速自转的状态对木星的形状有着深刻的影响。因此

木星的形状看起来是两极扁平,赤道是明显凸起的三轴不等椭球体。由于木星距离太阳将近 8 亿千米,木星绕太阳公转 1 周所需要的时间大约是 12 年。由此可见,木星上的 1 天是如此的短暂,而木星上的 1 年是如此的漫长!也就是,1 个木星年有超过 10 500 个木星天。

一探究竟 17.1 在夜晚的天空寻找木星和土星

在肉眼可见的行星当中,木星的亮度是仅次于金星的。即使在木星极小的时候,在天空中,它仍然比最亮的天狼星还显得更加耀眼。与木星一样,土星会在夜晚的天空发光,它仿佛是一颗明亮的黄色星星,而且即使不用望远镜也可以很容易发现。由于土星离太阳的距离大约是木星的两倍,这样,当土星绕着太阳轨道运动时,会明显变得越来越模糊,而且移动速度也会越来越慢。

你还可以通过联系你当地的天文馆学习在哪里能找到这些星球。如果你所在的城市没有这样的天文馆,还有两种杂志会涉及有关夜晚的天空和行星的运动,对你了解这些行星会有帮助。这两种杂志就是《天文学》和《天空与望远镜》,你可以在大多数的书店找到这两种杂志。但务必记住,天王星和海王星由于距离我们太远而显得过于微弱,因此用肉眼是无法看见的。在这种情况下,借助望远镜是我们观察这些世界所必需的。

虽然古代天文爱好者发现木星，并以罗马国众神之王来命名这颗巨大的行星（古希腊中对应的神是宙斯），但他们并没有真正了解这颗行星，直到后来望远镜的出现，人们才对这颗行星有所了解。

在1610年的冬天，意大利天文学家伽利略用一架小型望远镜，观察到了以前从来没有人见过的木星。伽利略在他的报告中声称，他观测到了环绕木星中间带有个奇怪条纹的圆盘，同时，也认为是伽利略发现了木星的4颗卫星，因此，这些卫星现在都统称为伽利略卫星。后来，借助望远镜，天文学家们已经能够最终确定木星的大小、旋转周期和质量，同时也能够识别出木星上的大气成分等主要大气特征和环流模式。

伽利略卫星

木星是人类迄今为止发现的天然卫星最多的行星，目前已发现63颗卫星，俨然一个小型的太阳系：木星系。1610年1月，意大利天文学家伽利略最早以望远镜发现木星最亮的4颗卫星，它们被后人称为伽利略卫星。伽利略卫星环绕在离木星40万～190万千米的轨道带上，由内而外依次为木卫Ⅰ艾奥、木卫Ⅱ欧罗巴、木卫Ⅲ盖尼米得和木卫Ⅳ卡利斯托。

木星上的大气

木星大红斑是木星表面的特征性标志，也是最神秘的特征之一。木星大红斑被认为是一个飓风，而且这个飓风至少已经存在350年。这种风暴明显要大于地球上出现的任何风暴，简直就是个超级大风暴，而且，也不像地球上的飓风那样，是一个低气压区域。木星大红斑是突出在云层之上的一个高气压区域，一个反气旋旋涡，在木星大红斑之下的卵形体则是另外一个旋风。

同时，木星表面划分成与赤道平行的一定数量带状区域。环绕在木星的中间是一个宽阔的赤道区，暗区和亮区在赤道区上下方交替着。色彩明亮的称为**区**，相较之下较暗的称为**带**。

一些大型的卵形体，如位于木星大红斑附近的卵形体，就是那些穿过带或区的大气扰动。

不像类地行星，木星的表面是气态的。因此，观测木星时，更多的时候是关注木星上的区和带、大红斑，以及木星上的各种美丽的色彩。同时，木星也是当前所有已知的行星中重力最强的行星，这正符合木星是太阳系中最大行星的地位。木星具有强大的引力场，保留着许多在太阳星云最初出现的气体。木星大气层的化学成分，主要是由氢分子和氦构成，其他的化学成分，包括甲烷、氨、硫化氢和水只有很少的数量。总体而言，木星上的大气成分大约80%是氢，剩余大部分是氦。

木星上空的云层主要由氨冰组成，在氨冰云之下，则由水蒸气、水冰和其他气体组成，顶部云层的平均温度是$-121℃$，往下100千米，温度约为100℃。

当接近木星的内部时，由于压力变得非常巨大，因此很难再将之称为气体。在木星深处区域是密度非常大的液态氢，由于它的压力很大，这种液态氢具有某些金属的特性，也称为**金属氢**，电子周围可以自由移动。也正由于存在液态金属氢的外核，给了木星这样一个强大的磁场。

木星那美丽的云层表现在混合颜色上。例如，这样一个具有蓝、白、橙、红色和棕色等各种色彩，赋予木星耀眼的外观。这些颜色不仅反映在大气化学成分上，而且还发现在不同深度和温度的云层上。位于深处云层的温度比行星边缘的温度要暖和。红色的云层，由于其极低的温度——大约$-140℃$，被认为是处在行星最远的地方。相比之下，比较罕见的蓝色的云层，是最温暖的,被认为是处在这个行星上较深层次上,因此只能透过覆盖在上方的小孔才能看得见。在蓝色的云层上面是棕色云,然后是白云模式等。

绚丽多彩的木星云

有关木星上那些绚丽多彩的云的确切化学成分仍然有些神秘。硫有可能是一种基本的着色剂。它的颜色是依赖于与其关联的其他元素。我们看到的木星上各种颜色的云,可能是由于硫的分子结构发生变化。此外,有机或含碳的化合物也被认为是一个可能的着色物质。磷也被提出用来解释大红斑的红色色调。

木星环流

木星那种迷人的云彩,以及其他类木行星环流是由几个因素共同作用的结果。例如,这些行星的气态或液态性质允许对称云带的形成,这在地球上是不可能的。这是因为固态的陆地板块会中断空气的自然流动,产生一个更为复杂的大气环流模式。然而,在类木行星上,则没有大陆或山脉的阻碍。而且,木星的温度从两极到赤道几乎没有变化。因此,这些行星的气象现象并不像在地球上发生的那样,热量是从赤道向两极传输的。木星内部辐射的热量要比从太阳辐射吸收的热量多。此外,这颗巨型行星旋转速度非常迅速。综合上述因素,就产生了我们所观察到的具有如此独特的平行条纹和环流特性非凡的星球。

一探究竟 17.2 木星上云带的制作

用一个长形的透明容器(可以是一个果汁瓶),你可以模拟类木行星大气的外观。我们只需要混合密度不同且颜色各异的液体,就可以用来模拟木星上平行的带和区。首先,将你准备好的果汁瓶装满 2/3 的水,使用红色或橙色的食物色素用以匹配木星的颜色。接下来,倒上几厘升的机油,由于机油的密度比水低,这样,机油将覆盖在水面上。现在,随着一只手的不断搅拌,混合流体在作圆周运动,你就可以发现云带出现在你的眼前!

在任何情况下,这种显著的特征,即交替着暗带和亮区,根据上升和下沉气体,可以用行星旋转产生的科里奥利力的作用来描述(如图 17.1 所示)。条纹是被高速风分开的高压带和低压带。明亮的区是高压地区(上升的热空气),而黑暗的带是气体正在下降的地方(下沉的冷空气),产生一个低压地区。

区和带的气体膨胀是受到木星的快速旋转影响的。科里奥利力使气体在北半球向右侧偏离,在南半球向左侧偏离,这与科里奥利力在地球上的影响是一样的。一旦发生偏离,流动的空气便横越相邻带的边界,引起横向高速风。土星上赤道风速可以高达每小时 320 千米,然而,这颗木星一直以超过每小时 650 千米旋转。这就解释了为什么这些壮观的风会产生如此激烈的扰动区域和鲜明的漩涡和斑点。

斑点和大部分气体的运动是发生在顶部云层下方深处。虽然有细微的差别,然而土星和木星的内部结构非常相似。

木星卫星的地质

伽利略发现木星上最大的 4 颗卫星是很有意义的。它支持了日心说的出现和哥白尼的太阳系模型。换句话说,这些新星体的发现,无可置疑地证明了并不是每一颗天体都围绕着地球旋转。

这 4 颗伽利略卫星最终是用罗马神话来命

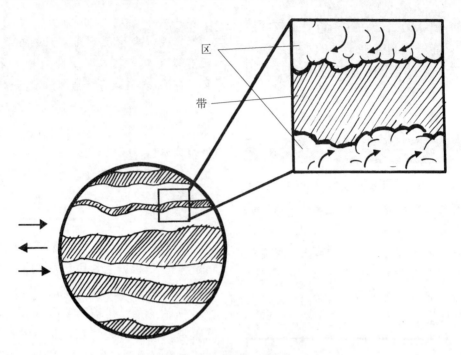

区

带

图 17.1　木星上的带和区

名。其中 3 颗卫星（木卫Ⅰ艾奥、木卫Ⅱ欧罗巴和木卫Ⅳ卡里斯托）体现出了一些木星爱好者的名字，而另一颗卫星（木卫Ⅲ盖尼米德）的名字则来自被选定为上古之神斟酒的凡人。

目前，太空探测器已经探索了这颗木星系统的一些细节。一些最让人难忘的照片是来自木卫Ⅰ艾奥，在这颗卫星上业已发现有不少于 9 个火山喷发，此外，还发现 200 个火山环形山坑和破火山口。这颗卫星的表面覆盖着黄色的硫化合物，而且，由于这颗卫星还如此的年轻，因此缺少一些明显的陨石坑，而陨石坑在其他类地行星则是如此常见的。

由于这些卫星靠近的是巨行星，木卫Ⅰ艾奥和木卫Ⅱ欧罗巴被锁在一个**轨道共振**，以至于产生强烈的潮汐。轨道共振是这样一种现象，即两个天体绕同一个中心天体的轨道周期之比接近简单分数时的运动现象。它们之间互相受到周期性引力影响。这可以使天体的轨道不稳定。这种现象造成的潮汐会导致内部加热，这种内部加热会引起艾奥卫星的火山活动

和欧罗巴卫星内部的融化，从而有可能形成一个地下海洋。

木卫Ⅲ盖尼米德卫星的面积相当于非洲、亚洲和欧洲面积的总和，因此，木卫Ⅲ盖尼米德卫星可以说是太阳系中最大的天然卫星。欧罗巴卫星，是一个寒冷的冰体，但它可能缺乏内部海洋层。盖尼米德卫星也有一系列的凹槽交错的表面。也许它们类似于地球上的地堑山谷，并且这些地堑山谷有可能是这颗卫星的早期构造活动的结果。

然而，在伽利略卫星的最外层，木卫Ⅳ卡里斯托卫星的表面几乎被陨石坑所覆盖。

可以说，在木星形成后，卡里斯托卫星所经历的唯一的地质活动就是流星的降落。毫无疑问，卡里斯托卫星的表面形态可以追溯到 40 多亿年前那段巨大的陨石轰击时期。

尽管我们关于木星卫星的大多数信息建立在伽利略卫星上（因为这些卫星是木星的最大卫星），但是我们知道，木星至少还有 60 颗卫星。随着技术的进步，更多的卫星将会被定

期发现。而对这 4 颗最大的卫星的研究也会更加深入。我们所了解的其他许多小卫星,它们都比较小且为岩石,其中有一些有可能覆盖着冰。

土 星

伽利略通过他的望远镜观测到土星,但是他完全被观察到的现象所困惑,因为观测到的土星似乎不是圆形的,而更像是 3 个有联系的独立的星体。土星显示了有两个奇怪的附件——星球两边各有 1 个圆盘。伽利略把这颗行星解释为是 3 个并列的星体。后来,我们通过更为先进的设备可以清楚地观测到,土星是一个被环包围的星体。伽利略在 1600 年代早期所使用的望远镜,还没能让他做出清晰准确的观察。

要了解土星上发生的情况是有点复杂,这不仅仅是因为早期的望远镜所提供给我们图片的原因,而是因为土星是倾斜的。因为当它绕太阳轨道运动时,我们的观察视角总是随着时间而发生变化。当我们从地球看到它时,随着轨道的前行,环形的圆盘从东边升起,并从一个视角的边缘(此时我们仅能看到一条线)向最大视角移动,然后又回到边缘,又再次回到最大视角。如果在地球另一半球观察,则刚好是相反的情况。

这些土星环,也就是让伽利略感到困惑的,已经成为现代广泛研究的主题。我们现在已经知道这些环本身是由冰块和被冰块包裹着的岩石构成的,它们不会接触到土星的表面。从地球上能见到的最内层环是在土星表面 10 500 千米以上。从边缘到另一端的边缘,我们可以看到环的总宽度大约 300 000 千米,且是不连续的。

土星环是按字母顺序标记的,这取决于这些土星环被发现的时间顺序。较大的土星环是由较小的环组成的,称为圈。各土星环之间也有环缝,其中最大的环缝称为**卡西尼环缝**,它是由意大利天文学家、数学家卡西尼(Giovanni Cassini,1625—1712)在 1657 年发现的。这些环缝的生成,被认为是由于土星上较大卫星之间的万有引力相互作用的结果。这种引力推动并引导冰块和岩石进入特定的轨道。一些较小的卫星同样也影响到土星环,这些小卫星被称为**牧羊人卫星**。土星光环的范围要比我们在地球上观察到的要大得多,另外,太空探测器已经发现了一些远离这颗星球的微弱的光环。

土星是太阳系中第二大的行星,它的密度比水的密度略低。尽管它的体积庞大,如果你能找到一个足够大的海洋,土星将会像沙滩排球一样浮在海洋上面。

像木星一样,土星也有一个活跃的大气。但因为木星是离太阳更远些,这样,较低的温度会使其形成一个高空的阴霾,这阴霾阻碍了我们进一步观察土星上较深处层次的云。土星上的风速要比木星慢,最大风速大约每小时 320 千米。

土星的内部结构被认为是类似于海王星和木星,即具有金属氢地幔。然而,相对而言,土星的体积会更小些,其核心可能也是较小的。它同样也有一个磁场,这也是为什么科学家们相信它有一个金属氢内部结构的原因。土星还可能存在一些内部区域或岩石核心,但由于它的压力是如此的巨大,任何探测器都将被压碎。另外,由于任何着陆土星的任务还被认为是不可能的,因此我们只能从远处借助图片的内容来了解、分析土星的情况。

土星大气

土星大气主要由氢和氦构成,并含有甲烷、氨和少量其他气体。

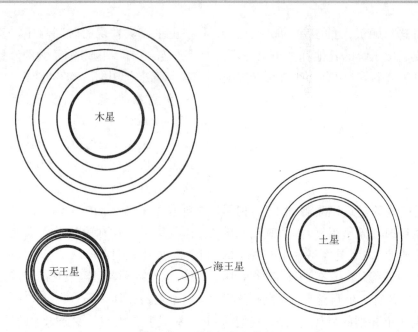

图 17.2　类木行星上的环

实际上，土星和木星显著的唯一区别就是土星温度更低一点，离太阳更远些。在土星上不同寻常的现象就是周期性发生的天气事件。在土星北半球的夏天，会有一个温暖气体大泡沫上升到土星表面，然后被高速的大气风驱散。由于其温度比较高，这个大泡沫可以上升到大气层模糊边界之上并反射太阳光，就像一个白色风暴在星球表面变得清晰可见。尽管我们知道发生的这一切，但科学家们还没法解释其原因。

行星的四季①

行星季节是由于行星的轴倾斜以及行星本身自转和绕太阳公转引起的。一些行星的季节，像水星，是很不明显的。然而，行星的季节总是在两个半球相反的，因为一个极是朝向太阳倾斜，而另外一个极是远离太阳倾斜。科学家们实际上已经能够确立其他行星春分、秋分、夏至和冬至的大致日期(如表 17.1 所示)。

表 17.1　行星的四季(北半球)

行星	春分 (春天开始)	夏至 (夏天开始)	秋分 (秋天开始)	冬至 (冬天开始)
水　星	——	——	——	——
金　星	2000 年 2 月 24 日	2000 年 4 月 1 日	2000 年 5 月 28 日	2000 年 7 月 22 日
地　球	3 月 21 日	6 月 21 日	9 月 23 日	12 月 22 日
火　星	2000 年 5 月 31 日	2000 年 12 月 16 日	2001 年 6 月 12 日	2001 年 12 月 1 日
木　星	1997 年 8 月	2000 年 5 月	2003 年 3 月	2006 年 3 月
土　星	1980 年	1987 年	1995 年	2002 年
天王星	1922 年	1943 年	1964 年	1985 年
海王星	1880 年	1921 年	1962 年	2003 年

土星卫星的地质

土星有一个卫星系统,这个卫星系统是由大卫星土卫Ⅵ"泰坦"主导的。"泰坦"每16天绕土星1周。泰坦是希腊神话中女巨神的名字。在土卫Ⅵ命名为"泰坦"之后,其他卫星也分别被命名为土卫Ⅷ伊阿佩托斯、土卫Ⅴ瑞亚、土卫Ⅳ狄俄涅和土卫Ⅲ忒提斯等。包括后来发现也被命名为土卫Ⅱ恩克拉多斯、土卫Ⅰ美马斯、土卫Ⅶ亥伯龙等卫星。

土卫Ⅰ的轨道位于土星环系统的外侧边缘,其上面表面到处都是陨石坑。恩克拉多斯的表面有着沟槽的地形,上面到处覆盖着光滑的沉积物。火山喷发出的水和冰浆,可能导致这些沉积物的形成。

特提斯海最引人注目的特点之一就是它有一个叫做奥德修斯的大火山口,这个火山口的直径超过月球直径的40%。土卫Ⅳ的表面有一个神秘而明亮的网格状标志。土卫Ⅴ上也有这些标志,这些都证明了它们在很久以前曾经受到巨型陨石的撞击。

土卫Ⅵ泰坦上有一层致密的大气以及一个又厚又红的云层。它甚至有一个由液态乙烷和甲烷构成的海洋,海洋中还有许多星罗棋布的岛屿,岛屿上的土地都冻结了。科研人员猜想,泰坦上化学物质丰富的大气和海洋,甚至有可能催生了原始的生命形式。

行星及其主要卫星

太 阳	
水　星	
金　星	
地　球	月　亮
火　星	火卫Ⅰ、火卫Ⅱ
木　星	木卫ⅩⅥ,Adrastrea,木卫Ⅴ和木卫ⅩⅣ,木卫Ⅰ,木卫Ⅱ,木卫Ⅲ,木卫Ⅳ,木卫ⅩⅢ,木卫Ⅵ,木卫Ⅹ,木卫Ⅶ,木卫Ⅻ,木卫Ⅺ,木卫Ⅷ,木卫Ⅸ,以及最近发现的木卫月亮

续　表

土 星	土卫ⅩⅧ和土卫ⅩⅤ,土卫ⅩⅥ和土卫ⅩⅦ,土卫Ⅺ,土卫Ⅹ,土卫Ⅰ,土卫Ⅱ,土卫Ⅲ,土卫ⅩⅢ和土卫ⅩⅣ,土卫Ⅳ和土卫Ⅻ,土卫Ⅴ,土卫Ⅵ,土卫Ⅶ,土卫Ⅷ,土卫Ⅸ,以及最近发现的卫星
天王星	天卫Ⅵ,天卫Ⅶ,天卫Ⅷ,天卫Ⅸ,天卫Ⅹ,天卫Ⅺ,天卫Ⅻ和天卫ⅩⅢ,天卫ⅩⅣ和天卫ⅩⅤ,天卫Ⅴ,天卫Ⅰ,天卫Ⅱ,天卫Ⅲ,天卫Ⅳ,天卫ⅩⅥ,天卫ⅩⅦ,天卫ⅩⅧ,天卫ⅩⅨ,天卫ⅩⅩ和天卫ⅩⅪ
海王星	海卫Ⅲ,海卫Ⅳ,海卫Ⅴ和海卫Ⅵ,海卫Ⅶ,海卫Ⅷ,海卫Ⅰ,海卫Ⅱ
冥王星	冥卫Ⅰ

天王星和海王星

像木星、土星一样,天王星和海王星的大气成分主要是由氢气和氦构成。现在,人类的科学技术已发展到能够将探测器发射到这些行星的表面,通过将这些太空探测器着陆到这些行星的表面,其反射回来的信息就显得极其重要。比如**"航行者"2号探测器**,近距离地靠它们,可以将许多可靠的信息反馈给地球上的科研人员。"航行者"号早在1986年初就已经开始对天王星做出探测,1989年又对海王星进行了探测。

天王星和海王星都有纤细的环状系统,由于它们是由许多结冰的小块岩石组成的,这些岩石的颜色非常暗,所以很难被发现。在研究行星的过程中,反射率是极其重要的研究内容。土星环之所以很容易被人们发现,是因为它们能够很好地反射光线。其中,专业术语**"反照率"**,是用来形容物体反射光线的能力的专业用语。环绕着天王星和海王星的环就有着所谓的低反照率,这意味着它们的反射率不是很高。反照率的范围是从100%～0,一面完美的镜子的反照率就是 100%，而一块黑色天鹅绒布的反照率就是 0。环绕着天王星和海王星上的环的反照率相对比较低。

大气和内部结构

天王星离太阳的距离超过 28.65 亿千米，而海王星则超过 44.9 亿千米。天王星和海王星的内部结构，在某些方面是不同于那些巨型的类木行星，这是因为它们相对比较小。它们的内部结构与木星和土星比较起来，是那么的与众不同。对我们的理解来说，可以说天王星和海王星简直就是个外来物体。在它们的星体中心有一个小的陆地岩石内核，氢和氦气体外层是一个液体氢区域。在这层液态氢和岩石内核之间则是一层厚厚的地幔，这地幔层的组成包括一个高压水、甲烷和氨的结合物。

通常在木星和土星发现的氨，在天王星大气外层就已经被冻结了，同时还可以见到带着美丽色彩的带和区。但是，天王星的大气，除了由于甲烷气体的存在，造成大气层中的蓝绿色彩外，几乎是没有任何特征的。虽然，在天王星上层大气中的确出现过小云彩，但是我们还无法确定它们是如何出现的。

天王星也有一个不同寻常的旋转轴。天王星的旋转轴显得非常倾斜，以至于星球的一整半球都处在黑暗中，而另一个半球则处在恒定的光里，这是天王星一个非常独特的情况。也就是说，由于天王星的旋转轴约有 90°的倾斜，尽管天王星围绕自转轴的自转速度相当迅速，它的一个半球（先是北半球然后南半球）需经历长时间的黑暗，而另一个半球则需经历长时间的白昼，这在其他行星是不大可能的，因为当其他行星在不停地旋转时，每天都在经历着白天和夜晚。因此，天王星由于其旋转轴的不寻常的倾斜，出现了比其他行星更长的夜晚和白天。如果天王星离太阳近些，这可能会对其产生很

大的影响，但是由于天王星距离太阳非常遥远，在这样一个巨大的距离下，这种情况对天王星的温度几乎是有影响的。

对于海王星，由于其距离太阳甚至比天王星更远，因此会显得更冷。海王星上层大气的平均温度大约只有 −212℃，它的大气层成分主要是由一些甲烷、并混合着与在天王星上发现的相同成分的氦和氢气体。由于海王星环绕太阳轨道公转 1 周所需的时间是 165 个地球年，因此，可以说，地球上没有人能活着看到一个完整的海王星年。

就像天王星，海王星呈现亮绿色到蓝色光，这种蓝色色泽是来自它大气中的甲烷所产生的。从"航行者"号太空探测器上的图像显示，海王星有一些更戏剧性的大气活动，这可能是海王星低层大气里已经有被冻结的模糊霾和凹陷。海王星同样存在黑暗与光亮的区，但没有突出的条带。当"航行者"号在 1989 年飞过时发现，海王星也有一个大黑点，这是大气中一个风暴的特征，或者说的一个高压区域。

天王星和海王星的卫星

有许多冻结的、有趣的卫星环绕海王星和天王星，其中天王星有 5 颗中等大小的卫星和至少 15 颗较小的卫星群。在这些卫星的表面显示有环形山、断层和火山喷发的冰熔岩证据。天王星的卫星之一，米兰达已经被证明是最迷人的卫星。它有一个奇怪的**人字形特征**或者说是一个明亮的 V 型特性，反衬着一个遍布陨石坑的地形。已有证据表明，米兰达在其形成过程中经历数次断裂，嵌入地壳中是一个巨大的峡谷，并有许多高达千米的悬崖。

天卫Ⅳ奥伯龙是天王星的另一颗卫星，这颗卫星具有多斑点状的凹痕表面。在天卫Ⅳ的明亮区域，可能是陨石撞击产生的喷射沉积物。天卫Ⅲ有超级环形山，也称为撞击盆地。天卫

Ⅱ则是最黑暗的卫星,它除了显示有环形山外几乎没有任何其他地质活动。最后,还有美丽的天卫Ⅰ,它表现出一个坑坑洼洼和支离破碎的景观。

海王星最大的卫星海卫Ⅰ,是天文学家比较感兴趣的卫星之一,这颗卫星实际上比冥王星还要大,是逆行或反向环绕着海王星运行的,还拥有一层由氮和甲烷组成的稀薄大气。薄薄的云层和一些阴霾覆盖这颗卫星的一部分,在非常寒冷的区域,大气气体会凝聚到卫星表面,产生一个个斑点的外观。其他地区则被奇怪的冻结沉积物覆盖着,这些沉积物是地壳裂缝喷发出来的,其中一些流看起来像明亮的、被冰覆盖着的湖泊。在"航行者"飞船探索的这些卫星的过程中,最引人注目的发现是海卫Ⅰ火山。这些特性是它作为从黑点发射出来的条纹被发现的,这些条纹被解释为火山灰沉积物,是被稀薄大气中的强风从火山喷发地点带走的。

冥王星

我们把冥王星放在最后来讲述,是因为冥王星确实很难分类。可以说,冥王星既不完全符合类地行星性质,也不完全符合类木行星性质。它位于太阳系最遥远的地带,是一个比较奇特、冰冻的星球,我们可能永远都无法完全地去探索它。冥王星似乎更像是一颗木星的卫星,而不是实际上的行星,它是太阳系所有行星中最小的行星,完成绕太阳公转1周需要248个地球年。尽管地球绕太阳的轨道是一个近乎圆形的轨道,冥王星的轨道路径却更加狭长。由于这种极端的椭圆形轨道,使得冥王星在完成环绕太阳完整1周所需要的248地球年中,有将近20年的时间绕行距离比海王星还更接近太阳,也就是说,从1979年—1999年,冥王星可以实际上被认为来自太阳的第8颗行星。

冥王星的卫星——冥卫Ⅰ

冥卫Ⅰ卡戎是冥王星唯一的卫星,与其他卫星相比,这颗卫星是相当大的。冥王星和冥卫Ⅰ卡戎曾被认为是孪生行星。在罗马神话中,冥王星是冥界社会的统治者,而卡戎是在冥河上专门为亡灵摆渡前往冥界的船夫。如果考虑到冥王星和卡戎离其他行星和太阳的遥远距离,以及这颗行星和卡戎卫星的极端寒冷环境,这个神话中的有关冥界社会或死亡之地的神话,似乎是适当的。在这种极端环境下,是没有任何生命能生存在冥王星和卡戎上的。从卡戎卫星表面上看,我们的太阳将只会显示为一颗明亮的星星,并导致它温度上升到$-212℃$以上。

冥王星和卡戎是最边远的行星,它们还没有靠近探索过。也正因为它们是那么的遥远,和我们的世界几乎没有什么相似的地方,也很难想象它们能提供什么。或许这个世纪的太空探测器最后有可能会告诉我们更多的一些信息。

太阳系8大行星名字的来历[①]

2006年8月24日,捷克首都布拉格传出一个惊人的消息,冥王星被降级为矮行星,太阳系原来的9大行星变成了8大行星。在8大行星中,我们所居住的地球(Earth)是唯一一个不是从古罗马神话中得名的行星。除它之外,其他7大行星的名字都是来自古罗马神话传说。

Mercury水星:在古罗马神话中,Mercury(墨丘利)是主神朱庇特的儿子,掌管商业和旅行,也是众神的信使,相当于古希腊神话中的Hermes(赫尔墨斯)。在8大行星中,因为水星运行最快,所以它的英文名字叫Mercury。

Venus金星:在古罗马神话中,Venus(维纳斯)是爱与美的女神,相当于古希腊神话中的

---

① 以下内容由译者补充。

Aphrodite(阿佛洛狄特)。Venus 一直被认为是女性体态美的象征。由于金星在夜空中非常明亮,人们就用这个美女的名字为它命名。

　　Earth 地球:地球是唯一一个不是从希腊或罗马神话中得到的名字。Earth 一词来自于古英语及日耳曼语。这里当然有许多其他语言的命名。在罗马神话中,地球女神叫 Tellus——肥沃的土地(希腊语:Gaia,大地母亲),代表地球的罗马大地女神 tellus。

　　Mars 火星:在古罗马神话中,Mars(马尔斯)是战争之神,嗜血好斗,是力量和权威的象征,相当于古希腊神话中的 Ares(阿瑞斯)。由于火星在夜空中看起来是血红色的,所以就用古罗马神话中战神的名字来命名。

　　Jupiter 木星:在古罗马神话中,Jupiter(朱庇特)是主神,是一切的主宰。相当于古希腊神话中的众神之神 Zeus(宙斯)。在八大行星中,木星的个头最大,所以用主神的名字为它命名。

　　Saturn 土星:在古罗马神话中,Saturn(萨杜恩)是朱庇特的父亲,是掌管农业的神,相当于古希腊神话中的 Cronus(克洛诺斯)。

　　Uranus 天王星:在古希腊神话中,Uranus(乌拉诺斯)是天空之神,为地神 Gaea(该娅)所生,后来他又与该娅结合生下 12 个泰坦巨神。他是第一个统治宇宙的天神,后来被他的小儿子 Cronus(克洛诺斯)所推翻。

　　Neptune 海王星:在古罗马神话中,Neptune(涅普顿)是海神,相当于希腊神话里的海神 Poseidon(波赛冬)。

　　Pluto 冥王星:在古罗马神话中,Pluto(普鲁托)冥界的首领,相当于古希腊神话中的冥王 Hades(哈得斯)。在太阳系中,冥王星距离太阳最远,大约 59 亿千米。那里光线微弱,阴暗寒冷,与罗马神话中住在阴森森的地下宫殿里的冥王 Pluto 非常相似,因此这个惨遭降级的矮行星的英文名字就叫 Pluto。

小　结

　　类木行星与地球的差异是如此之大,它们所提供的环境也是如此地不利于太空探索,以致现在更多的研究都集中在我们的卫星月亮和其他类地行星上。然而,许多类木行星及其卫星的突出特征都表明有一些相同的因素,这些因素已经作用于地球数百万年。

　　木星是太阳系所有行星中最大的行星,它具有自转速度飞快、有趣的环和引人注目的大红斑。木星大红斑特征被认为是一个至少已经存在 350 年的飓风,但它与在地球上的飓风不一样,它是一个在高处云层上的高压区域。

　　像其他的类木行星,木星有一个气态的表面,这使得要在这颗行星上降落几乎是不可能的(更不用说加上其极端的温度环境)。然而,太空探测器允许我们研究木星那迷人的环和美丽的云层。这些会为我们提供很多信息,包括行星的起源、组成,以及大气运动等。

　　木星也有许多卫星,目前已经发现的卫星就达 60 颗甚至更多。其中的伽利略卫星是木星最大的 4 颗卫星,这 4 颗伽利略卫星已经获得较为深入地研究,并显示有许多共同的特征,像火山口、陨石坑和断层等。

　　土星是一颗研究相对比较困难的星体,因为当伽利略通过他的最初的望远镜观察木星时,它似乎是在一个具有 3 个星球的星系。今天我们已经知道这些有趣的、像耳朵的附件实际上是土星环,但土星那不寻常的运行轨道,让我们观察它们时,看到的是它们首先从一边缘直线开始运行,然后运行至大开环的最大角。

　　这些显著的土星环是由冰块组成的。较大的环是由较小环组成,并称为圈,同时,环之间也存在缝隙。

　　土星的密度比水的密度略低,因此,假如能找到一个足够大的海洋以容纳土星,则土星会像海滩排球一样浮在上面。土星也有一个活跃的大气,尽管其风速要慢于木星,但其最大风速仍然达到每小时约 320 千米。

土星的卫星是由一个较大卫星"泰坦"主导的。泰坦卫星具有稠密的大气和一个厚的、红润的云层。甚至它可能有一个由液态乙烷和甲烷组成的海洋与由冰冻土地构成的岛屿。

其他的类木行星,如天王星和海王星,也像它们的邻居木星和土星一样,有一个由氢气和氦气组成的外层大气,也有微弱的环系统,但这些环几乎是不可能被观察到的,因为它们没有光反射。

由于大小的差异,天王星和海王星的内部结构不同于木星和土星。与其他类木行星的近亲类似,在天王星和海王星的星体中心有一个小的陆地岩石内核,同时有一层厚厚的地幔,这地幔层的组成包括一个高压水、甲烷和氨的结合物,在外层则是气态的氢和氦。

由于天王星和海王星这两颗行星远离太阳显得非常冰冷,也因此都有一系列奇特的冰冻的卫星。在这些卫星上,我们可以看到许多其他卫星相同的特征——如环形山、断层和火山喷发的冰熔岩等。

冥王星,是我们太阳系最后一颗星球,它更像是一颗类地行星,但却超出了类木行星。它至少在我们已经探索的太阳系行星中是属于最小的、最冷的行星。冥王星也有一颗卫星卡戎。相对其他卫星而言,冥卫Ⅰ卡戎是相当大的,但由于冥王星及其卫星离我们都是如此的遥远,因此对于这两颗星体,我们其实还没有真正探索过,对它们的了解也比其他所有绕我们太阳轨道运行的行星要少得多。

尽管类木行星之间存在许多差异,我们的空间探测器几乎不太可能在这样的气体表面登陆。但是我们仍然尽我们的能力探索太空,我们学习了很多有关太阳系是如何形成、如何发展演化,以及所有这些行星与地球的可能相似之处。有一系列证据,如不同的大气成分、引力、旋转,以及一些表面地质特性,包括火山口、地堑、陨石坑、风与水的均夷作用等,都会帮助我们更好地了解我们的地球,甚至包括地球在人类出现之前可能已经经历的过程。

小行星、彗星和陨石

关 键 词

小行星,静电引力,S型,M型,C型,流
星,彗星,彗发,太阳风,气体彗尾,陨石,
反射光谱技术,球粒陨石,魏德曼花纹

太空岩石的地质

通过前面几个章节的叙述,我们已经了解了地球是如何适应太阳系的,了解地球和其他行星的相同和不同之处,可以帮助我们更全面地认识地球是如何形成的,以及这些地质过程和气象过程如何一直延续至今。同时,我们也了解了太阳系里的各种卫星。现在只剩下小行星、彗星和陨石,我们将在这最后一章来探讨。

小行星

小行星字面上的意思就是"小星体"。小行星是不规则的岩石和金属体,它们的大小不一,范围可以从像小山包到高达近480千米宽的大小。在太空中,小行星和彗星已经存在了很久,是具有潜在破坏性的撞击者。我们所看到的,在太阳系里卫星和行星表面上大多数的陨石坑,可以追溯到大约40亿年前的大撞击时期。在这个时期,年轻的行星处于清扫残骸碎片的过程。行星通过吸积添加形成,就像太阳星云坍塌形成太阳和行星相类似,一阵阵灰尘和冰

粒子围绕着太阳。刚开始,这些颗粒非常小,引力发挥着作用。但在星云里面的尘埃和气体,微小颗粒开始时是黏在一起,逐渐地出现较大的凝块。同样,通过静电引力,尘埃聚集在一起。所谓**静电引力**就是由于物体之间通过摩擦作用形成电荷,这主要是因为摩擦会使一些电子从一个物体转移到另一个物体上。

就这样,很快地,一些较大的物体出现了,这些被称为星子。当它们形成了核后,有关行星便会增长。随着它们的增长,递增的引力扫清吸收了剩余的物质。同时,正是通过这种方式,在陆地星体上刚刚创建的景观就变成了布满坑坑洼洼的撞击口。

今天,大多数剩下的星子和小行星,被发现大多分布在火星和木星轨道之间。这些主要小行星带上的碎片有时会投掷向太阳,这主要是由于这些小行星受木星引力的吸引造成的。

即使借助当代最好的望远镜,多数小行星也显得非常微弱,其图像就是一个个小点,因此,在有数不尽星的天空中,这些小行星很容易被遗漏。到1900年,科学家们已经确认了的小行星达300颗。今天,已经有超过20 000颗的小行星被发现。

小行星类型

我们所知道的最大的小行星被称为谷神星,其大小大约相当于美国亚利桑那州面积。一般根据小行星的物质组成进行分类:其中S型小行星,主要由石陨石、石铁陨石构成;M型

小行星,主要由富含金属的硅酸盐,甚至可能是纯金属构成;C 型小行星,主要由碳质构成。

小行星类型[①]

C 型小行星:这种小行星占所有小行星的 75%,因此是数量最多的小行星。C 型小行星的表面含碳,反照率非常低,只有 0.05 左右。一般认为 C 型小行星的构成与碳质球粒陨石(一种石陨石)的构成一样。一般 C 型小行星多分布于小行星带的外层。

S 型小行星:这种小行星占所有小行星的 17%,是数量第二多的小行星。S 型小行星一般分布于小行星带的内层。S 型小行星的反照率比较高,在 0.15 到 0.25 之间。它们的构成与普通球粒陨石相类似。这类陨石一般是由硅化物组成的。

M 型小行星:剩下的小行星中大多数属于这一类。这些小行星可能是过去比较大的小行星的金属核。它们的反照率与 S 型小行星的相类似。它们的构成可能与镍-铁陨石相类似。

E 型小行星:这类小行星的表面主要是由顽火辉石构成,它们的反照率比较高,一般在 0.4 以上。它们的构成可能与顽火辉石球粒陨石(另一类石陨石)相似。

V 型小行星:这类非常稀有的小行星的组成与 S 型小行星差不多,唯一不同的是它们含有比较多的辉石。天文学家怀疑这类小行星是从灶神星的上层硅化物中分离出来的。灶神星的表面有一个非常大的环形山,可能在它形成的过程中 V 型小行星诞生了。

G 型小行星:它们可以被看做是 C 型小行星的一种。它们的光谱非常相似,但在紫外线部分 G 型小行星有不同的吸收线。

B 型小行星:它们与 C 型小行星和 G 型小行星相似,但紫外线的光谱不同。

F 型小行星:也是 C 型小行星的一种。它们在紫外线部分的光谱不同,而且缺乏水的吸收线。

P 型小行星:这类小行星的反照率非常低,而且其光谱主要在红色部分。它们可能是由含碳的硅化物组成的。它们一般分布在小行星带的极外层。

D 型小行星:这类小行星与 P 型小行星相类似,反照率非常低,光谱偏红。

R 型小行星:这类小行星与 V 型小行星相类似,它们的光谱说明它们含较多的辉石和橄榄石。

A 型小行星:这类小行星含很多橄榄石,它们主要分布在小行星带的内层。

T 型小行星:这类小行星也分布在小行星带的内层。它们的光谱比较红暗,但与 P 型小行星和 R 型小行星不同。

虽然大多数的小行星在火星和木星的轨道间运行,但也有一些令人关注的例外。一些小行星有极端瘦长的轨道,携带它们运行于许多行星之间。一些小的行星跨越火星的轨道并被称为埃莫小行星。可以预测的是,一大部分(当然并不是全部)埃莫小行星有一天会撞上这颗红色的星球。

有一类小行星叫做阿波罗小行星或地球轨道交叉小行星,这类小行星可以运行到离地球非常近的地方。而且事实上,地球很可能有一天会被这类小行星撞击到。赫尔墨斯小行星经过我们地球时的距离在 800 000 千米范围内,仅为月球距离的两倍。已经发现的直径在 1 千米或以上的这类小行星有超过 500 颗。天文学家每年都会发现一些非常接近地球的天体(近地天体),即这些小行星的运行轨道可以让它们很接近地球。这些近地天体可能会直接对地球

---

① 以下内容由译者补充。

上的生命造成直接的威胁。目前尽管情况如此,但其实其风险还是很低的。由于在地球外层空间一直都存在着这么多的微小物体,这样在将来的某个时候,我们将会面临一场灾难,而且这似乎是不可避免的。另一方面,这些大块的岩石对科学研究而言,也是无价的。换句话说,如果有一颗非常小的小行星撞击到地球上一个无人居住的地区,科学家将会从中发现许多信息。

彗　星

　　除了小行星,还有一些大量的冰状碎片被发现在离太阳更远的地方。天文学家相信有一个由球体的**彗星核带**包围着我们的太阳系。这些彗星核,类似于小行星,也都属于天体,但仅在它们的部分轨道相对地接近太阳时才能被观察到。彗星有一个彗头和彗尾,彗头是一个被星云状彗发包围的固体核心,彗尾是一个细长的弯曲的尾巴,它只有在彗发足够接近太阳时才出现(如图 18.1 所示)。科学家认为彗星主要是由氨、甲烷、二氧化碳和水组成。偶尔,这些极度冻结的雪球会落向太阳。

　　当一个彗星靠近太阳时,彗核里的冰开始蒸发,在彗核周围会形成一个扩散的和气体状的包层称为**彗发**。彗核和彗发在一起就形成了我们通常所称的彗头。

　　当然彗星最壮观的部分是其巨大的彗尾,通常是在当彗星处于太阳和地球之间时开始形成的。实际上,彗尾是由两个部分组成的。第一部分是由于太阳辐射压力或称为**太阳风**的带电粒子流,微小尘粒被推离开彗发,生成了**尘埃彗尾**。尘埃彗尾呈现明显的弯曲,追随彗星的路径环绕着太阳,并且通常是黄色的。第二部分的成分是由气体分子组成的,并被称为**气体彗尾**。气体彗尾呈现蓝色,而且直接指向远离

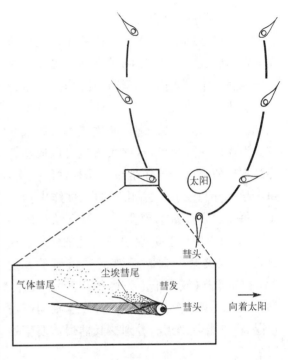

图 18.1　彗星

太阳的方向。

　　彗星的物理形状和行为是多种多样的,就好比人类的外表和行为,没有任何两个彗星是一样的。这主要取决于彗星的量和构成的物质,以及距离太阳的远近,有时彗尾就可能几乎不存在或可能不会形成。

彗星的影响

　　与岩石小行星相比较,尽管彗星密度比较低,但它们能对其他行星甚至是地球造成相当大的损害。当苏梅克-列维 9 号彗星过于接近木星引力场时,我们曾见到了其潜在的破坏。早在 1858 年,苏梅克-列维 9 号彗星可能成为木星的一颗卫星,但经过多年的环绕木星,当彗星在木星云层 30 000 千米上空掠过时,由于其运行轨道太过于接近木星,造成彗星解体,致使 1992 年 7 月有 21 块大型太空碎片形成。第二年,便观察到这颗彗星竟直线落向这颗巨行星,并可以观察到大约有 480 万千米长的大量彗星碎片向太空扩展。直到 1994 年 7 月,彗星碎片

就如雨点般降落在木星上。

苏梅克-列维 9 号彗星的这些碎片运行速度非常迅速,这样,当它们撞击木星时就像煎饼一样压扁着木星表面。必须记住的是,木星云层下有非常大的大气压力,这压力就足够把氢液化。当它们速度放慢时,就生成了大小大约有佐治亚州的大流星,这些大流星可以成功地穿过木星的云层。虽然是短暂几秒钟的撞击,每个彗星碎片便在一个壮观的大爆炸中消失了。每一次爆炸都会产生一个令人炫目的闪光,并释放了相当于 6 000 000 万吨的炸药。相比之下,人类第一颗原子弹也只相当于大约 20 000 吨炸药(或成千上万吨的炸药)。设想,如果一颗大型的彗星撞击在地球上,根据撞击情况,将可能会比我们看到核武器爆炸要糟糕得多。

在几分钟内,黑暗的烟羽,彗星碎片和部分木星物质,向上穿过大气层,出现在云层顶端。整个木星都在颤抖,并据报道"就像闹钟响铃似的"。伽利略号太空探测器,刚好在飞往木星的途中位置,所以它可以直接观测到碰撞,哈勃太空望远镜也有最好的机会观察到撞击产生的深色斑点。

流星体和流星

与小行星密切相关的是流星体,这些小碎片实际上可以进入地球大气层。一些流星体可能是偏离小行星轨道的碎片,但大多数都是非常小的,过于微弱以至于甚至借助最大的望远镜也看不到。它们的存在只有当它们进入地球大气层才会被发现。

如果你曾经观察到在一个晴朗天空的黑夜,并远离城市的灯光和烟雾,也许你已经看到明亮的光条纹快速地穿过天空。这些经过地球的大气层的物体被称为流星。一个落向地球的表面流星碎片就称为陨石。

对于古人,流星出现好像是星星从天空脱落坠向地球,因此它们被称为陨星或流星。今天,它们仍被普遍称为陨星,尽管我们知道,它们和恒星没有任何关系。相反,流星是流星体撞击地球的大气层的结果。在它们快速通过大气层时发生摩擦致使周围的大气变热,并在天空中划出一道亮光。

陨 石

陨石是从太空落入地球的大块岩石和金属块(如图 18.2 所示)。这些陨石是我们研究太阳系最古老的材料,因此,陨石是我们找到的来自太空的最好的线索,即提供探索地球的起源和演变的线索。

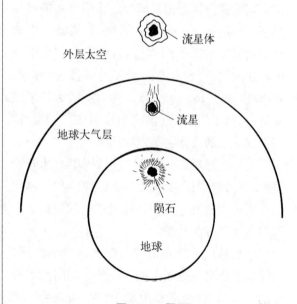

外层太空
流星体
流星
地球大气层
陨石
地球

图 18.2　陨石

正如我们在本章前面学到的,大多数的小行星分布在火星和木星之间。小行星偶尔相互之间也会发生碰撞,把流星体发送到行星内部。当这些流星体穿过我们地球上的大气时,流星体就像陨星一样出现,我们称为流星。如果当

第十八章 小行星、彗星和陨石 **153**

它们飞抵地球表面时还能幸存下来,那么这些从天上掉下的石块就被称为陨石。刚下落的陨石显示为一个光滑的、黑暗的表面,称为**熔壳**。熔壳是这样形成的,当其经过地球大气层时,与空气产生强烈摩擦,在高压高温作用下,其外表常常会熔融变质,冷却以后,就会在陨石的表面生成一层光滑的、黑暗的表面。但陨石内部原始的残余物在降落过程中完全不受影响。

陨石是以降落的地方来命名的。现在世界范围内已经发现的陨石数以千计,而且可能会有一些陨石恰巧在你生活的地方被发现。尽管陨石相当平均地分布在全世界范围的地球表面,但在过去的 20 年里,一个非常异常的数据表明,大多数陨石是发现在南极洲和撒哈拉沙漠地区。这可能是由于这些区域岩石是非常稀少的,因此找到那些深色的陨石就变得比较容易。

天上掉下的石块

1803 年 4 月 26 日,一个大型的火球打破法国奥恩省的上空,接着是超过 2 000 块陨石碎片像下雨般降落到这座城市。这一既成事实的意外事件,毫无疑问地表明,这些石头是从太空降落到地球上的。

自从那时起,就有许多档案记录了陨石击中地球。1954 年,在阿拉巴马州锡拉科加,一块天石击穿一个房子的屋顶,砸到了当时一个睡在客厅里沙发上的女人——霍奇夫人,给她带来大块的"伤痛",具有讽刺意味的是,她的家刚好位于一家彗星汽车电影院的对面。

1984 年,一颗陨石击中乔治亚州的一个邮箱。1992 年,彗星造成非洲乌干达一个小孩受伤。同样发生在 1992 年,一块陨石落在纽约皮克斯基尔的一辆车上。诚然,你被陨石击中的几率是非常低的,但现实确实表明,这在之前曾经发生过,同样,我们今后也有可能再次发生。

陨石的起源

陨石有三种主要类型:即那些富含金属(镍和铁)的铁陨石、那些由石头材料组成的石陨石,以及那些由金属和石头材料组成的石铁陨石。这些类型的陨石可能表示不同小行星"差异化"或分层的比例。铁陨石来自当小行星处在熔融状态时有铁富积的星核。既然陨石是来自小行星,或者小的天体,它们可以是小行星的任何组成部分。石铁陨石是在小行星核-幔交界地方的石头和铁的混合物。有些种类的石陨石可能来自小行星壳层的上部。

陨石的成分

陨石和岩石像陆地上的对应物一样,都是由各种比例的矿物质组成的。最常见的有 6 种陨石矿物:

- 镍-铁——合金铁纹石和镍纹石,常见于所有的陨石;
- 辉石——硅酸盐,发现于所有石陨石和一些铁陨石;
- 橄榄石——铁-镁硅酸盐,发现于所有的石陨石和石铁陨石;
- 磁铁矿——铁氧化物中,常见于一些石陨石和大多数熔化外壳;
- 陨硫铁——硫化铁,发现于所有的陨石中,含量不等;
- 蛇纹石——含水硅酸盐,发现于碳质球粒状陨石。

一种称为**反射光谱**的技术已经被广泛地用来分析一些陨石和特定的小行星的关系。反射光谱仪可以测量和定量分析从小行星反射回来的不同颜色的光或波长。这种反射率数据提供了分析小行星化学成分的线索，并与陨石联系起来。从某种意义上来说，就是关联着某一类型的陨石。

目前已经重新找到化学成分不同于其他类型的有趣的陨石大约有 24 块，通过分析它们的年龄和物理特征，推断它们可能来源于火星。这些陨石标本很有可能是在大约 13 亿年前的火星上形成的，属于一个名为 SNC 族陨石。"SNC"名称是取自 3 个已知的火星陨石名称的首个字母：印度的赦咯黄（Shergotty）、埃及的那喀拉（Nakhla）及法国的 Chassigny。

SNC 陨石

在 1983 年，史密斯等人认为，一群被分类为 SNC 群的陨石起源于火星，依据的证据来自对这些陨石的仪器和放射性化学中子活动分析。他们发现 SNC 陨石拥有的化学同位素和岩石学的特性，符合当时可以参考的火星资料，Treiman 等人进一步确认这些特性。数年后，使用相似的方法，比 1983 年晚，Bogard 等人显示几种惰性气体的同位素浓度，均与 1970 年代中后期登陆火星的维京太空船观测到的火星大气层的浓度一致。在 2000 年，Treiman，Gleason 和 Bogard 的一篇文章针对所有的参数所做的调查，得到的结论是 SNC 陨石（当时已发现 14 颗）来自火星。他们写道："可能只有很小的可能性，SNC 陨石不是来自火星。如果它们是来自其他行星的天体，而现在所了解的是它们实质上是与火星相同的。"因此，所有的火星陨石整体有时就被称为 SNC 群。它们的同位素比率有着一致性，并且和地球上的不同。它们的名称衍生自第一颗该种陨石被发现的地点：印度的赦咯黄（Shergotty）、埃及的那喀拉（Nakhla）及法国的 Chassigny，因此又称为 SNC 陨石。

石陨石

石陨石大多是由岩石组成的，其重量比普通的火成岩还要重 1.5 倍。当把它们进行切割和抛光时，通常会观察到在石头基质中有明亮的金属斑点。这个基质大多是由橄榄石矿物、辉石和斜长石组成的。

主要有两种类型的石陨石：**球粒陨石**和**非球粒陨石**

球粒状陨石有着与太阳相同的基本化学成分。除了气体，它们也含有一些从太阳和行星形成的原始物质，这些物质是从云的尘埃和气体中凝结的产物。

碳粒陨石，是这一组里一个重要的变种，几乎没有加热或热蚀变的迹象，可能是形成于小行星带外（冷却器）区域。由于有足够低的温度，使得在它们的晶体结构中，黏土状的矿物质可以形成。

非球粒陨石是那些不包含球粒的石陨石。这些陨石已经被熔化过，比其他陨石更像陆地上的火成岩。非球粒陨石被认为是来自小行星带上的火山岩。

铁陨石

铁陨石是我们能看得见的美丽的石头。如果把一个铁陨石切开，将其内部抛光光滑并用硝酸加以处理，可以看到，金属晶体会形成一种独特的几何形状或图案。

这些图案被称为维德曼花纹，维也纳一位科学家在 1808 年第一次描述了这种图案。这些图案形式是由于原始陨石缓慢冷却的结果。也就是大约每百万年以 1～10° 的缓慢速度冷却，在这缓慢冷却过程中，使得较大颗粒的晶体得以增长，这部分知识你可以在第一章中的相关内容了解到。

石铁陨石

石铁陨石是石和金属的混合物，它们是由

约 50% 镍铁和 50% 硅酸盐矿物组成。当然,从有关陨石内的物质结构的评述看,很像该书前面的地质部分。行星和小行星具有相同的起源,虽然它们的大气、温度,还有其他一些特征完全不同,但太阳系的天体其基本组成物质是一样的。

小　结

地球科学是研究组成我们地球的岩石、海洋和大气,这个领域的意义在于:它们综合了许多看似不相关领域的科学。正如我们所知道的,地球表面、海洋和大气都以这样的方式相互作用,从而产生了我们所生活的世界。可以说,没有一个过程的存在不受其他过程的影响。

地质学是研究地球的物理性质。矿物质是组成火成岩、变质岩和沉积岩的基本物质。板块构造的概念,他描述了岩石圈板块相互作用和移动,并彻底改变了地质学的研究。地质过程,从激烈的火山活动到缓慢的冰川运动,时时刻刻在雕刻着我们的地球。地球是一个非常古老的星球,其地质历史可追溯到大约 46 亿年前太阳系形成时期。

地球表面有超过 3/4 是被海洋覆盖着的。海洋的起源是和我们地球早期历史的地质活动有关。海洋是动态的和充满生命的,这些水域的运动主要是受与风的相互作用的大气支配着。地球的大气是一个比较薄的且封闭的气体,从地球表面一直延伸约 160 千米以上。地球大气的作用在于保护我们地球表面免受有害的太阳和宇宙辐射,它对维护地球的生物有效负载是至关重要的。

据我们所了解的,地球科学不只是研究我们的地球。了解地质学、海洋学、气象学的原理同样可以应用到整个太阳系的其他星球。只是到了近期,天文学家才发展先进技术,并发现绕着其他恒星运转的行星。随着我们继续深入地了解更多的关于这些遥远的世界,从我们的小星球上了解到的地球科学知识肯定会更好地应用在宇宙其他地方。

除了类地行星和类木行星,星际空间充满了小行星和彗星。降落到地球表面的陨石和大块岩石,实际上是个很好的资源,它们可以帮助地球科学家们了解太阳系和我们地球的起源之间的联系。

词 汇 表

C 型小行星　(C-type asteroid)
含碳的小行星。

M 型小行星　(M-type asteroid)
主要是由富含金属的硅酸盐,甚至可能是纯金属构成的小行星。

SNC 族陨石　(SNC, pronounced snick)
"SNC"名称是取三个已知的火星陨石名称的首个字母:印度的赦咯黄(Shergotty)、埃及的那喀拉(Nakhla)及法国的 Chassigny。

S 型小行星　(S-type asteroid)
主要是由石陨石、石铁陨石构成的小行星。

埃克曼螺旋　(Ekman spiral)
尽管水流的速度随着深度递减,但整体的结果是形成螺旋洋流深入到大海。这种螺旋洋流就叫做埃克曼螺旋。

暗潮　(undertow)
位于表面流下方的水流,它的运动方向与表面流相反。

凹坑　(zap pits)
月球表面的小陨石坑。

奥陶纪　(Ordovician)
古生代的一个时期,此时,昆虫和藻类在陆地上出现。

白垩纪　(Cretaceous)
是中生代的一个时期,在这一时期,恐龙开始灭绝,同时也是开花植物第一次出现。

斑岩　(porphyritic)
这是一种岩浆岩,它的特点是:晶体大的斑晶位于晶体较小的基岩里。

板劈理　(slatey cleavage)
矿物的层状互相平行,跟原生矿床平面呈某种角度。

宝石　(gemstone)
是指那些美丽、恒久和稀有而价值连城的各种矿物。

鲍氏反应系列　(Bowen's Reaction Series)
在地质学中,鲍氏反应系列描述岩浆冷却时各种矿物在不同温度、压力下结晶的情况,与岩浆分异有关。

北极光　(aurora borealis)
发生在北半球,由于太阳辐射与上层大气中中间相互作用产生的一变化莫测的明亮光线。

贝尼奥夫带　(Benioff zones)
位于海沟处平行于海沟的震源带。

背斜　(anticline)
岩层发生折曲时,地层中一种上凸的褶曲构造。

被动大陆边缘　(passive continental margin)
构造活动极少,没有板块胀裂或俯冲发生的大陆边缘。

比湿　(specific humidity)
在选定的湿空气中,水蒸气质量与湿空气质量之比。

边界流　(boundary currents)
由于受陆架陆块影响导致西向或东向盛行海流的偏向而引起的、与陆架边缘平行或接近的北向或南向的表面海流。

边滩　(point bars)
在河道靠内侧的部分,水流速度小,沉积物在此沉淀而成。

变质程度轻的变质岩　(low-grade metamorphic rock)
当温度介于 200～300 ℃,压力相对较小时所形成的变质岩。

变质岩　(metamorphic rocks)
当岩石遭受到极端的压力和温度时,矿物和先前存在的岩石的质地会发生变化而形成的新的岩石类型。

标准大气压　(atmosphere, atm)
气压的国际单位是"atm"。一个标准大气压即是 1 atm ,等于 1 013.2 毫巴(mb)。(系非法定单位,已弃用——编者注)

表面张力波　(capillary waves)
波长小于 1.75 厘米且周期小于 1 秒的最小波。

宾夕法尼亚纪　(Pennsylvanian)

3.2亿年前—2.85亿年前的时期,又叫晚石炭纪,爬行动物开始出现。

冰雹　(hail)
　　直径大于5毫米且表面形状呈不规则状的坚硬固态降水。

冰川　(glaciers)
　　冰川实际上是再结晶的雪块,雪花已经被压实,空气都已被挤出。

冰川擦痕　(striations)
　　与移动的冰盖直接接触的岩石被磨蚀圆化后的表面所覆盖的长长的平行凹槽。

冰川堆石　(glacial moraines)
　　冰川搬运、堆积的石块形成的小堆。

冰川作用　(glaciation process)
　　冰川的产生、融化与移动,并伴随着冰川的沉积。

冰斗冰川　(cirques glaciers)
　　一种发育在冰斗中的小型冰川,只占山体的小部分,属于山岳冰川的一种。

冰架　(ice shelve)
　　位于海水上方的冰川。

冰帽　(ice cap)
　　从山顶或高原中心向外流动到相对水平的扩展区域而成的冰川。

冰劈　(frost wedging)
　　结冰和随后的融冰反复进行,就像冰楔一样直到把岩石劈开崩碎的过程。

冰碛　(till)
　　未经分选的冰川沉积物小颗粒。

冰隙　(crevasses)
　　在冰川顶部上形成的大裂缝。

冰原冰川　(ice sheet glaciers)
　　能覆盖大部分陆地的冰川。

波长　(wavelength)
　　一个波峰与相邻的波峰之间的距离,或从波浪的任何一点到下一个波浪相同位置一点之间的距离。

波峰　(crest)
　　波的最高点。

波高　(wave height)
　　从波谷到波峰的距离。

波谷　(trough)
　　波浪的最低点。

波浪　(waves)
　　以特定的周期在海水表面运动的海水扰动。

波浪频率　(wave frequency)
　　在特定时间(1秒或1小时)内通过的波浪数量。

波浪周期　(period)
　　一个完整的波浪经过一个特定地点所花费的时间。

波状熔岩　(pahoehoe lava)
　　有光滑的表面纹理,外观很像绳索的熔岩。

玻璃光泽　(vitreous luster)
　　矿物表面看起来就像是一块裂开的玻璃。

薄层　(laminations)
　　厚度小于1厘米的沉积岩地层。

不整合面　(unconformity)
　　在不同的时代,岩石暴露在外受到侵蚀,岩石之间有岩层缺失,导致其产生,说明在地质历史上曾有过中断。

部分结晶　(fractional crystallization)
　　在岩浆喷发到地表的过程中,它的成分会经历一个结晶的过程。

侧向连续性　(lateral continuity)
　　沉积物的分层会从一点向各个方向侧向延伸的理论。

层流　(laminar flow)
　　水平流动在平行层间的水流。

层云　(stratus)
　　这种云出现在海拔最低的地方,而且有时候能完全覆盖整个或大片的天空。

层状硅酸盐　(phyllosilicates)
　　当链状相连的硅四面体层叠起来时所形成的矿物。

层状岩　(beds)
　　沉积岩的厚层。

叉状闪电　(forked lightning)
　　外观呈现出分支的闪电。

超基性岩石　(ultramaflc)
　　此类岩石成分中主要含有极性铁镁质成分的物质,如辉石和橄榄石。

潮流　(tidal currents)
　　伴随着潮汐涨落而来的海水的横向流动。

潮滩　(tidal flat)
　　盐沼沉积物的顶端部分,在低潮时露出水面,而在高潮时被淹没。

潮汐　(tides)
　　周期大于5分钟的波浪。

尘埃彗尾　(dust tail)
　　彗星的结构之一,当微小尘粒被推离开彗发时就生成了尘埃彗尾。尘埃彗尾呈现明显的弯曲形状,通常是黄色的。

沉积史 （depositional history）
表明岩石在不同时间的沉积，或者岩石内成层的历史。

沉积物 （sediment）
小的岩块。

沉积岩 （sedimentary rocks）
沉积物聚集在一起而形成的岩石。

赤道低压 （equatorial low）
在赤道附近的上升气流所形成的气压带，与普遍存在的降水密切关联。

赤道无风带 （doldrums）
在赤道附近，位于南北两个信风带之间的海洋区域。

冲积扇 （alluvial fans）
当河流从出山口处冲下平原时所形成的扇形堆积体。

臭氧 （ozone）
包含三个氧原子（O_3）的分子，是最具化学活性形式的氧。

春潮 （spring tides）
当太阳、月球和地球处于一条直线上时，也就是满月或新月时，这时地球上的潮汐作用比平常更加猛烈，叠加的引力就会形成特大潮和特小潮。

大红斑 （Great Red Spot）
木星大红斑是木星表面的特征性标志，被认为是一个飓风，而且这个飓风至少已经存在 350 年，这种风暴明显要大于地球上出现的任何风暴。

大陆边缘 （continental margin）
大陆与大洋盆地的边界地。包括大陆架、大陆坡、大陆隆以及海沟等海底地貌构造单元。

大陆架 （continental shelf）
大陆向海洋的自然延伸，通常被认为是陆地的一部分。

大陆隆 （continental rise）
远离大陆，由沉积物形成。在这里坡度的起伏较缓。

大陆漂移说 （continental drift）
原由魏格纳提出的，现今的大陆是由古生代时全球唯一的"泛大陆"，于中生代时开始分裂，轻的硅铝质大陆在重的硅镁层上漂移，逐渐达到现今位置的一种大地构造假说。

大陆坡 （continental slope）
介于大陆架和大洋底之间，是联系海陆的桥梁，它

一头连接着陆地的边缘，一头连接着海洋。

大陆气团 （continental air mass）
大面积陆地上形成的气团。

大陆型地壳 （continental crust）
由较轻的长英质矿物和岩石组成的地壳。

大气圈 （atmosphere）
包围着行星表面的封闭气体层。

大洋中脊 （midoceanic ridges）
在主要的大洋洋盆底部存在的绵延不断的海底山脊。

代 （eras）
地球历史上宙的细分时期。

单斜构造 （monocline）
当两翼仍然是水平的，但是岩层已经被上推的褶皱构造。

单斜晶体 （monoclinic crystals）
断面可呈棱柱形、拱形和金字塔形，三轴的长度都不相同，只有两轴互相垂直的晶体结构。

单质矿物 （native element）
当单一类型的原子单独出现或没有与别的原子连接时所形成的矿物。

弹道轨迹 （ballistic trajectory）
抛射或移动的物体在空中自由飞行的轨迹。

导堤 （jetties）
在海港或河流入口延伸入海处的成对结构，能起到防止暴风浪和泥沙沉积的作用。

岛弧 （island arc）
沿着俯冲带分布的熔岩和沉积物所产生的弧形带状的火山群岛。

倒转 （retrograde）
行星以反方向旋转的方式。

等高线 （contour lines）
地形图上高程相等的各点所连成的闭合曲线。

等高线图 （topographic map）
将测高仪测出的地表高度数据用统一的高程间隔而绘成的地图。

等压线 （isobars）
地图等图表中气压相等的各点的连线。

等轴晶系 （isometric crystals）
有正方形或三角形的面的晶体结构。

低压带 （trough）
气压低的区域。

底积层 （bottomset bed）
沙丘翻滚移动过程中，由顶积层移入底部所形

成的。

底沙 （bed load）

平整且均匀地分散到河床的底部的沉积物。

地层 （strata）

根据颜色和纹理结构有明显特点的分层，是岩石地层学的重要度量单位。

地层学 （stratigraphy）

研究分层的沉积岩的科学。

地幔 （mantle）

介于地壳和地核之间的厚厚的中间层。

地堑 （grabens）

两侧被高角度断层围限，中间下降的槽形断块构造，地堑在地形上常表现为断陷谷地。

地闪 （cloud-to-ground lightning）

云体对大地的放电现象。

地震 （earthquakes）

地壳的两个板块互相推挤，压力增大所产生的移动或振动的现象。

地震海浪 （seismic sea waves）

由于海底地震活动而引发的快速移动的海浪。

地震能量 （seismic energy）

是由地震引发的力而产生的能量。

地震学 （seismology）

研究地震波运动及其影响的科学。

地震仪 （seismometer）

可以记录下地震波的分布及强度状况的仪器。

地转风 （geostrophic winds）

即风向平行于等压线，这是科里奥利力和大气中水平气压梯度力相平衡时的结果。

地转流 （geostrophic currents）

是风、海水的密度以及地转偏向力之间平衡的结果。

电离层 （ionosphere）

热层的另一名称，在这一大气层，原子经历着失去或获得电子，因此带有电荷。

丁坝 （groins）

将泥沙固于河岸的结构。

顶积层 （topset bed）

浅的斜坡称为顶积层，沙子从这里向上跃移翻过土堆的顶部。

动物区系演替 （faunal succession）

化石按合理的顺序沉积的原理，在地质记录所反映的顺序来看，是新物种取代旧物种。

冻融泥流 （gelifluction）

是指冻结的土壤在夏季期间解冻时，因它具有塑性

而发生沿斜坡的蠕动现象。

断层 （fault）

发生于脆弱的岩石单元内，当岩石受力达到一定强度，破坏了它的连续完整性，发生断裂，并且沿着断裂面（带）两侧的岩层发生显著位移。

断裂 （fracture）

当矿物各部分的化学键的联结力强度有细微的差异时，就会沿着粗糙的表面裂开。

对流 （convection）

流体内部由于各部分温度不同而造成的相对流动。

对流层 （troposphere）

是地球大气层靠近地面的一层。

对流层顶 （tropopause）

大气层最低部分的上部边缘部分。

对流单体 （convection cell）

有组织的对流运动的空气团，它在对流过程中与邻近空气团之间几乎没有混合作用。

盾状火山 （shield volcano）

是由熔岩流层层堆叠而成的火山。

多普勒雷达 （Doppler radar）

利用多普勒效应进行定位、测速、测距等工作的雷达。

多普勒效应 （Doppler effect）

当声音、光和无线电波等振动源和观测者以相对速度相对运动时，观测者所收到的振动频率与振动源所发出的频率的变化。

惰性氩气 （inert argon）

一种无色、无臭、无味的气体，在大气成分中占据的比例不到百分之一。

二叠纪 （Permian）

古生代的一个时期。

反气旋 （anticyclone）

中心气压比四周气压高的水平空气涡旋。

反射光谱法 （reflectance spectroscopy）

通过反射光谱仪将一些陨石与特定的小行星相联系的方法。

反射光谱仪 （reflectance spectrometer）

这种仪器通过测量目标物在不同波长反射太阳光的数量来判定遥远天体的矿物特性。

反照率 （albedo）

用来描述指物体反射光的能力。

方向 （orientation）

晶轴的方向。

防波堤 （seawalls）

气孔结构 （vesicular）
带有许多小孔或小洞的岩石。

气溶胶 （aerosols）
抬升进入空气中的小颗粒。

气体彗尾 （gas tail）
彗星的尾部部分，是由气体分子组成的。

气团 （air mass）
指温度和湿度水平分布比较均匀的大范围的空气团。

气象学 （meteorology）
研究大气现象的科学。

气象学家 （meteorologists）
研究大气现象的科学家。

气旋 （cyclone）
在同一高度上，中心气压低于周围的大型涡旋。在北半球，空气作逆时针旋转；在南半球其旋转方向则相反。

气压 （barometric pressure）
水平地面上的大气压力。

气压计 （barometer）
用于测量气压的仪器。

气压梯度 （pressure gradient）
给定距离内的气压变化值。

前滨 （foreshore）
位于高潮和低潮之间的地带，每天潮水在前滨这一区域振荡流动。

前寒武纪 （Precambrian）
从地球的诞生直至 5.7 亿年前的这段时间。

前积层 （foreset beds）
当沙子到达前缘或是最陡的斜坡顶部时，沙子会沿着陡峭的斜坡向下滚动，形成沙丘的一部分。

前缘 （leading edge）
沙丘中最陡的斜坡顶部。

潜水器 （submersibles）
能在水下操作和停留的小型潜艇。

侵入岩 （intrusive）
岩浆在到达地表以前就已经凝固结晶的岩浆岩。

氢键 （hydrogen bond）
当水分子靠得很近时，它们的正、负电荷会分别受相邻分子的相反电荷的吸引。这种吸引力的力量就叫做氢键。

球粒陨石 （chondrites）
一种包含球粒的石陨石。

群岛 （archipelago）
一般指排列成线或弧形的火山岛、暗礁和浅滩等。

绕轴自转 （rotation axis）
行星绕着自己的轴旋转一圈时所花的时间。

热层 （thermosphere）
大气圈的最外层，气温随着高度的增加而上升。

热带低压 （tropical depression）
发展于热带海洋上的低压系统，每小时风速界于 36.8～62.4 千米（23～39 英里）之间。

热带气团 （tropical air mass）
形成于温暖的低纬度地区的气团。

热液矿床 （hydrothermal deposits）
热液矿床通常形成于含矿丰富的水下通风口。

人工育滩 （beach nourishment）
定期地向海滩添加沙。

人造卫星 （orbiter）
一种环绕行星的人造探测器，以获取较长时段的信息。

人字形特征 （chevron feature）
天王星的一颗卫星——米兰达上的奇特而明亮的 V 形特征。其反衬一个遍布陨石坑的地形特征。

软流圈 （asthenosphere）
在距地球表面以下约 700 千米深度的熔化区域。

软泥 （ooze）
由植物碎屑、外壳、牙齿和骨头构成的物质。

萨菲尔-辛普森飓风等级 （Saffir-Simpson scale）
根据飓风可能造成的灾害而创建的飓风分类等级体系。

三叠纪 （Triassic）
中生代的初期，哺乳动物开始出现。

三角洲 （deltas）
三角洲是在河流入海口处，泥沙沉淀堆积而成的扇形沉积物。

三斜晶系 （triclinic crystals）
形态为平行双面式，三轴长度都不相同而且互相斜交的晶体结构。

色彩 （color）
识别矿物的特征之一。

沙漠砾石表层 （desert pavement）
风力作用下，留下的卵石和鹅卵石覆盖地表。

沙丘 （sand dunes）
由于风的作用而形成的沙质堆积物。

沙洲
在水流速度减缓的河道地区，泥沙等沉积物开始沉淀的区域。

沙嘴 (spits)
沙丘延伸的脊线。

砂矿沉积物 (placer mineral deposits)
由于自身重量大而在河床底部沉积的矿物。

山谷冰川 (valley glaciers)
在高山的大部分区域扩展开来的冰川。

山麓冰川 (piedmont glaciers)
从山体的两翼延伸到周围的低地的冰川。

山麓堆积 (talus)
在悬崖底部或斜坡底部由碎屑积累而成。

山岳冰川 (mountain glaciers)
位于高山山峰上的冰川。

珊瑚礁 (coral reefs)
由石灰石和无脊椎动物组成的大规模结构。

闪电 (lightning)
由积雨云带来的强烈的放电现象。

上盘 (hanging wall block)
断层面以上的岩块。

上升海岸 (emergent coast)
由于海平面下降或地壳上升,从而使原先的海底出露地面所形成的海岸。

上升流 (upwelling)
海洋深处的冷水上升取代温暖的表层水的过程。

深成岩 (plutonic)
在到达地表以前就已经结晶凝固的岩浆岩。

深成岩体 (plutons)
在地下就已凝固成形的火山物质。

深海平原 (abyssal plains)
大洋深处平缓的海床,是地球上最平坦的地段。

深海丘陵 (abyssal hills)
地球上普遍存在的,平均高 200 米,体积大小不一的、起伏平缓的海底隆起。

深区 (deep zone)
海水中最深的区域。

渗透过程 (osmosis)
水从低盐度环境流向高盐度环境从而使盐度相同的过程。

升华 (sublimation)
冰从固态变成水蒸气的过程。

生物沉积岩 (biogenic sedimentary rock)
是由生物残骸的堆积造成的,包括贝壳、珊瑚等大量堆积,经过成岩作用形成的沉积岩。

生物沉降 (biogenic sedimentation)
当活着的有机生物体从海水中获取了离子并使用

它们来生成贝壳和骨骼,当这些生物死亡时,这些贝壳和骨骼就会形成生物沉积岩。

声波层析成像法 (acoustic tomography)
用于研究三维流动的水的方法。

盛行西风带 (prevailing westerlies)
一个稳定的西风带。

湿度 (humidity)
大气中水汽含量或潮湿程度,简称湿度。

石粉 (rock flour)
冰川携带的岩石通常会分裂成许多的小块,然后最终磨成小颗粒。

石灰质 (calcareous)
具有碳酸钙,或者石灰岩的质地。

石炭纪 (Carboniferous)
古生代的一个时期。

时间地层学 (time stratigraphy)
根据岩层的沉积时间对岩石进行分类的方法。

时期 (period)
时间地层学中的关键度量单位。

树状分支 (dendritic)
河流的支流分汊,就像分支众多的树杈一样。

衰减常数 (decay constant)
表示一个原子核在单位时间内发生衰变的概率,是表征放射性衰变统计规律的特征量。

水产养殖 (aquaculture)
是指利用各种可利用的水域或开发潜在水域,以采集、栽培、捕捞、增殖、养殖具有经济价值的鱼类或其他水生动植物产品的行业。

水成矿物 (hydrogenetic deposits)
来源于海水,通过降水形成的矿物。

水成论者 (Neptunists)
声称正是圣经里描述的诺亚时代的大洪水,形成了所有的沉积岩。那些追随这一理论的人被称为水成论者。

水银气压计 (mercury barometer)
是由一个放置于平底盘的水银柱组成的简单的气压测量仪器。

丝绢光泽 (silky luster)
矿物表面产生像丝绢一样的光泽。

四方晶系 (tetragonal crystals)
通常成棱柱形,三轴分别以 90° 互相相交,只有两轴的长度相等的晶体结构。

酸性岩 (felsic)
在颜色上偏淡,主要组成矿物以硅、铝元素较为丰富的岩浆岩。

碎波区 （surf zone）

海水冲上海岸的区域。

碎裂变质 （cataclastic metamorphism）

一种在岩石中的小规模变形，例如，沿着断层边界。

碎屑沉积 （clastic sedimentation）

悬浮的粒子在风力和水力的搬运下而沉积下来的过程。

碎屑沉积岩 （clastic sedimentary rocks）

经过碎屑沉积过程而形成的岩石。

台地沉积物 （terrace deposits）

形成平坦的河漫滩的沉积物。

台风 （typhoon）

在国际日期变更线以西的海洋上生成的热带气旋。

太阳风 （solar wind）

来自太阳的带电粒子流。

探测器 （probes）

被送入轨道绕着特定行星或月球的无人宇宙飞船，装有科学仪器，能将各种特别的信息返回地球。

碳-14 年代测定法 （carbon-14 dating）

利用放射性碳来计算岩石或事件的大概年代的一种技术方法。

碳氟化合物 （fluorocarbons）

一种人造气体，可以破坏臭氧层，导致有害的紫外线辐射到达地面。

碳酸盐 （carbonates）

由碳酸根离子（CO_3^{2-}）与其他金属离子组成的岩石。

碳质球粒陨石 （carbonaceous chondrites）

一种包含球粒陨石和水的石陨石。

特提斯海 （Tethys）

劳亚古陆与冈瓦纳古陆之间隔着的海，也称古地中海，现已消失。

藤田级数 （Fujita scale）

由藤田博士创立的，用于比较龙卷风的破坏性力量，从而对龙卷风进行分级。

体波 （body waves）

地球内部沿所有方向传播的地震波。

条痕板 （streak plate）

矿物鉴定中用来形成条痕的无釉瓷板。

同位素 （isotope）

由于中子的数量不同而形成的同一元素的变化。

土状光泽 （earthy luster）

矿物表面暗淡无光，看起来像碎砖或干的泥土。

湍流 （turbulent flow）

在波涛汹涌、起伏不定的层间起伏流动的水流。

退潮期 （ebb tide）

潮水从海滩边界逐渐后退流向大海的时期。

外滨 （offshore）

沉积物会在碎波的向海方向沉积的地区。

湾流 （Gulf Stream）

是起源于赤道附近的一股巨大的移动缓慢的环流。

网格状水系 （trellis）

支流与主干垂直交会所形成的水系格局。

微量降水 （trace precipitation）

雨量小于 0.025 厘米的降水。

围岩 （country rock）

岩浆侵入之前就已存在的原始的、埋藏的岩体。

伟晶岩 （pegmatitic）

带有粗糙的矿物颗粒（直径大于 2 厘米）结构的岩石。

魏德曼花纹 （Widmanstatten figures）

把铁陨石切开，将其内部抛光光滑并用硝酸加以处理后可以看到，其内部的金属晶体会形成一种独特的几何形状或图案，即魏德曼花纹。魏德曼花纹的命名源于 1808 年最初发现这一花纹的维也纳科学家的名字。

温氏分级表 （Wentworth scale）

用于指示岩石晶体颗粒大小的分类表。

温室效应 （greenhouse effect）

将太阳辐射捕获于地球大气之内，从而导致全球变暖的过程。

温盐洋流 （thermohaline currents）

盐度大的水体下沉而驱动深海环流的洋流。

温跃层 （Thermodines）

受温度变化而有显著变化的水层。

无脊椎动物 （invertebrates）

体内没有脊椎的动物。

无球粒陨石 （achondrites）

石陨石的一种，是不含球粒的石陨石。

无液气压计 （aneroid barometer）

一种气压计。这种仪器用来测量空气压力时不使用液体。

雾 （fog）

能延伸至大气的近地面层的云。

雾凇 （rime）

空气接触到温度低于冰点的表面而冻结形成的冰晶。

峡湾　（fjord glaciers）
当山谷冰川到达海岸线时深切陆地而形成的深谷。

下沉海岸　（submergent coast）
海平面上升或地壳下沉,海水淹没原先干燥的陆地而形成的海岸。

下盘　（footwall block）
断层面以下的岩块。

显晶岩　（phaneritic）
晶体颗粒大到肉眼可见的岩石。

显生宙　（Phanerozoic）
地球历史从 5.7 亿年前至今的时期。

霰　（graupel）
直径可以达到 5 毫米大的固态降水,呈柔软而松脆易碎,这种形式的固态降水。

相对年龄测定　（relative age dating）
将岩石单元按年代序列排列。

相对湿度　（relative humidity）
在特定温度下,空气中所含水汽量与该气温下饱和水汽量的比值,用百分数来表示。

向斜　（syncline）
水平岩层向下推挤,两翼指向上方的岩层褶皱构造。

像素　（pixels）
数码相机拍摄的影像被划分成无数个像素,图像所包括的像素越多,图像可呈现的细节也就越多。

小潮　（neap tides）
如果太阳、月亮与地球不完全在一条直线上,也就是在月相的四分之一阶段(在农历初七左右)和月相的四分之三阶段(在农历二十二左右),当地球、月球、太阳形成直角时,太阳和月亮对地球潮汐的影响会部分抵消,这时,高潮和低潮之间的差异就没有那么显著。

小行星　（asteroid）
从字面含义上看,是指"小的行星",就是大量的不规则的岩石和金属块,大小不一,范围可以从小型山头到直径近 480 公里(300 英里)宽。

斜方晶系　（orthorhombic crystals）
断面呈金字塔形,三轴互相直交,且三轴的长度都不相等的晶体结构。

新生代　（Cenozoic era）
地球历史从 6 600 万年前到现在的时期。

新月形沙丘　（barchan dune）
是流动沙丘中最基本的形态。是顺风向下发育成的呈现新月形形态的沙丘。

信风　（trade winds）
来自亚热带地区的风吹向赤道地区并受科氏力的影响发生偏转的大气运动,风的方向很少改变,稳定出现。

星状沙丘　（star dunes）
整体外观与海星相像的沙丘,有着丛生的沙脊。

星子　（planetesimal）
在行星形成过程中,围绕着太阳运行的由小颗粒黏在一起的物体。

行星科学　（planetary science）
运用地球科学的原理来研究太阳系的科学。

玄武岩　（basaltic lavas）
一种地下岩浆从火山中喷出或从地表裂隙中溢出凝结形成的火成岩。

玄武岩泛流喷发　（flood basalts）
当大规模的火山喷发时,会喷出大面积的熔岩,形成熔岩流,在地形平坦处似洪水泛滥,到处流溢、分布面积广。

旋风　（vortex）
从云层旋转向下到达地面的气流柱。

雪线　（snowline）
常年积雪的下界,积雪在此位置不会融化。

压缩波　（compressional waves）
P 波传播方式跟声波很像,都是先压缩然后膨胀,岩石质点振动方向和波的传播方向一致。

雅丹　（yardangs）
风的侵蚀作用会使原来平坦的地面发育成许多不规则的船形垄脊和宽浅沟槽,这种支离破碎的地面即为雅丹地貌。

岩化　（lithification）
当沉积物层层积累,在压力的作用下,岩石颗粒之间彼此黏合,就形成了岩化。

岩基　（batholiths）
地表下方巨大的岩体。

岩浆　（magma）
位于地下呈熔融状态的岩石。

岩浆库　（reservoirs）
位于地球深处由岩浆组成的"蓄水池"。

岩浆岩　（igneous rocks）
由熔融的岩浆冷却结晶而成的岩石。

岩脉　（dikes）
那些倾向于围岩,在围岩中塑造成形的形态成枝状的不规则小岩体。

岩石圈　（lithosphere）

包括地壳和地球表面的上层部分。

岩石圈板块　（lithospheric plates）

地壳外层的刚性板块。

岩石循环　（rock cycle）

岩浆岩、变质岩和沉积岩等岩石类型之间会相互转换的过程。

岩屑　（detritus）

水和风力侵蚀作用下形成的细小岩石或矿物沉积物。

岩性地层学　（rock stratigraphy）

根据岩石的相对年龄来对岩层进行分类的科学。

沿岸流　（longshore current）

当波浪以倾斜的角度冲上海滩时，运动方向与海滩平行的海流。

盐度　（salinity）

被用来测量海水的咸度，它是用 1 千克海水中溶解的物质总量来表示的。

盐跃层　（haloclines）

由于海水盐度不同使海水层有明显变化的水层。

盐沼　（salt marshes）

平坦的沿海湿地生态系统，在某些时段通常在高潮时是淹没在海水下的。

眼墙　（eye wall）

圆形的积雨云在飓风中心形成的环形。

堰洲岛　（barrier islands）

与主要海岸走向大致平行的多脊砂洲。

阳离子　（cations）

带正电的原子。

洋壳　（oceanic crust）

位于洋盆下方的由镁铁质的矿物和玄武岩之类的岩石组成的地壳。

氧化物　（oxides）

一种或多种金属元素和氧离子结合而形成的化合物。

氧化作用　（oxidation）

地球表面上的岩石或化学元素与游离氧结合的过程。

叶理　（foliation）

使矿物顺着一个方向结合的变质作用，会使矿物沿着平行的层状裂开。

页岩　（shales）

由颗粒极细的黏土颗粒组成的沉积碎屑岩。

溢波　（spillars）

以缓慢而又均衡的方式使波形破碎的波浪。

阴离子　（anions）

带负电的原子。

隐晶　（aphanitic）

火成岩结构的一种，在这种结构中矿物晶体颗粒细小，肉眼无法分辨。

硬度　（hardness）

矿物的物理属性之一。

永久冻土　（permafrost）

温度在 0 ℃ 以下的状况保持两年以上的岩石或土壤。

游离氧　（free oxygen）

处在游离状态下的氧，或者说是没有被岩石绑定的氧。

有孔虫　（foraminifers）

生活在海洋中的一种单细胞动物，有石灰质壳，壳上多小孔。

有人驾驶探测　（piloted mission）

由人类驾驶的行星探测类型；当人类的足迹真正踏上另一个世界时，迎来了行星探测的高潮。

雨层云　（imbostratus）

雨层云的厚度足以完全遮挡住太阳，而且这种类型的云通常预示着将要连续不断地下雨或下雪。

雨夹雪　（sleet）

冻结的雨滴粒径大小介于 0.5～5.0 毫米之间。

雨量测量器　（rain gauge）

用来测量的降雨量的仪器。

雨凇　（glaze）

雨凇是雨滴与地面或与其他物体接触冻结时形成的。

元素周期表　（periodic table）

将所有由相似的原子组成的化学元素编排而成的表格。

月谷　（sinuous rille）

月球表面的一种干枯渠道的地形构造。一旦熔岩完全从熔岩管中排出，熔岩管顶部因无法支撑自身重量而倒塌，从而形成了干涸的渠道。

月海　（lunar maria）

月球表面由黑色的玄武岩熔岩流组成的平原，内有巨大的撞击坑的低地。

跃移　（saltation）

泥沙等沉积物受湍流的作用，沿着河流底部或沙漠表面跳跃式前进，时进时停。

云　（clouds）

停留大气层上的水滴或冰晶胶体的集合体。

云地闪电 （intercloud lightning）
由于云层和地面的电荷相反,电流可以从云层移动到地面的闪电。

云间闪电 （intracloud lightning）
发生在同一云层里不同电荷区域之间的闪电。

陨石 （meteorites）
落向地球表面的流星碎片。

陨石坑 （crater）
星体表面由于陨石撞击而形成的环形的凹坑。

陨石球粒 （chondrules）
一些颗粒比较小且呈圆形的矿物,通常为辉石和橄榄石。

择优取向 （preferred orientation）
无论矿物是何种类型,矿物的层状都会互相平行。

渣块熔岩或块熔岩 （aa lava）
表面粗糙不平,呈锯齿状、是大大小小有棱角的玄武质熔岩。

涨潮 （flood tides）
海水尽可能远地流向陆地的阶段。

涨潮流 （flood currents）
涨上海滩的海水,也可看作是周期相当长的波浪。

枕状熔岩 （pillow lava）
形成于水下的外形跟枕头很像的岩浆岩。

珍珠光泽 （pearly luster）
有些矿物含有与珍珠相似的表面光泽。

振幅 （amplitude）
波平衡位置到波峰或波谷的距离,即波高的一半。

震源 （focus）
地球内部发生地震并向外释放地震波的地方。

震中 （epicenter）
震源的上方跟地表相交的地方。

蒸发 （evaporation）
液体变成气体或水汽的过程。

蒸发岩 （evaporates）
由封闭盆地里的海水蒸发而成的非碎屑沉积岩。

正断层 （normal fault）
产生于岩石单元的水平拉伸力将下盘拉开,使岩层的水平距离加宽的断层。

直月谷 （straight rille）
被认为是月球表面的断层所产生的线状洼地。

志留纪 （Silurian）
古生代的一个时期,此时,两栖动物开始在陆地上出现。

中间层 （mesosphere）
从平流层顶向上延伸到 80 千米高度的大气圈层。

中间层顶 （mesopause）
大气的中间层的顶部。

中生代 （Mesozoic）
地球历史从 2.45 亿年前—6600 万年前的这段时期。

中性岩 （intermediate）
介于基性岩和酸性岩之间组成成分,二氧化硅的含量在 55%～65% 的岩浆岩。

重力波 （gravity waves）
周期多达 5 分钟之长的波浪。

重撞击时期 （heavy bombardment）
太阳系形成早期遭受流星和小天体的强烈撞击的时期。

宙 （eons）
地球历史上两段非常长的时期:前寒武纪和显生宙。

皱脊 （wrinkle ridges）
火山或构造过程在月球表面留下的弯曲的皱痕。这些脊线可能源于月球表面受挤压而弯曲。

侏罗纪 （Jurassic）
中生代的一个时期,恐龙在此期间极为繁盛。

转杯风速表 （cup anemometer）
利用装在水平臂上的 3 个风杯在风的作用下转动的快慢来测量风速的仪器。

转换板块边界 （transform plate boundary）
位于转换断层山脊之间的区域。

转换断层 （transform faults）
两个板块之间互相滑动的边界,形成线状山谷。

撞击盆地 （impact basin）
最大型的坑洞,洞的中心有多个直径超过 100 千米的环形山。

浊流 （turbidity currents）
是大陆架上的泥和沙顺着斜坡下滑后悬浮在海水中,水流中悬浮密集着泥沙等沉积物并顺坡下滑的运动。

着陆器 （lander）
一种航天探测仪器,它使得航天飞船可以在预定地点进行软着陆,偶尔也配备一个可移动的机器人,可以冒险远离初始着陆点。

自动记录式气压计 （barogarph）
它是由真空金属盒组成,这真空金属盒对于大气压的变化相当敏感。在任何表面的单位面积上空气分子运动所产生的压力。

纵波 （P waves）
岩石质点振动方向和波的传播方向一致的地震波。

纵向沙丘 （linear dunes）
长轴或多或少与盛行风向平行的沙丘。

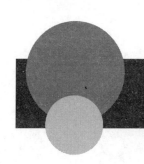

译 者 后 记

终于结束了一项在我看来工作量很大的工作——《地球科学其实很简单》一书的翻译。虽然从大学时就进入了地理这个领域学习，直到今天仍然在大学里从事着地学相关的教学科研工作，但是要将一本综合介绍地球科学的英文图书准确无误地翻译出来，要行文流畅、深入浅出，使非专业的人也能毫不费力地看懂，也真的不是一件容易的事。在翻译原文的过程中，我也通过网络、相关图书进行了一些资料的查找，可以说翻译的过程也是一个学习提高的过程。希望读到此书的人都能有所收获。

在整个翻译过程中得到了石婧、彭长青、宗玮、赵敏、何欢、江健、李亮、林月菊、戴雅贤、袁庄鹏、赵倩等的帮助，本套丛书的责任编辑张军和林朔耐心的等待、细致的编辑加工，均使本书得以日臻完善。在此谢谢大家的支持和帮助！

林文鹏

2012 年 12 月